Business Data Science with

Python 2

Pythonによる
ビジネス
データサイエンス

データの
前処理

羽室行信 [編]

朝倉書店

シリーズ監修者

加_か 藤_{とう} 直_{なお} 樹_き （兵庫県立大学大学院情報科学研究科/社会情報科学部）

編集者

羽_は 室_{むろ} 行_{ゆき} 信_{のぶ} （関西学院大学経営戦略研究科）

執筆者 （五十音順）

大_{おお} 里_{さと} 隆_{たか} 也_や （帝国データバンク）

菊_{きく} 川_{かわ} 康_{やす} 彬_{あき} （帝国データバンク）

中_{なか} 原_{はら} 孝_{たか} 信_{のぶ} （専修大学商学部）

丸_{まる} 橋_{はし} 弘_{ひろ} 明_{あき} （NYSOL）

ま　え　が　き

　データの重要性が叫ばれる近年，統計学が読み書きそろばんに並ぶ重要なスキルになってきた。また，機械学習／AI ブームの到来でこれまでにできなかったような分析やサービスを実現できるようになってきている。しかしその影で，実際にデータ分析に携わった経験のある人は，口を揃えて「前処理」の大変さを語る。例えば，政府が公開している統計データでは，ある年度を境にコード体系の一部が変更されており，コード体系を統一しなければ年度をまたいだ分析ができない。また，小売店の POS データには返品処理の記録も含まれ，通常は返品データは分析対象としたくない。

　統計分析や機械学習の書籍や解説の多くは「きれいな」データを前提にした構成になっているが，現実の世界では，与えられた「生」のデータから，そのようなきれいなデータをつくるまでの前処理に相当な時間を要しており，データ分析プロセス全体の 8 割の時間を要するとも言われている。

　実際にこれだけの労力を要するタスクであるにもかかわらず，前処理に関する書籍や論文を見かけることはほとんどない。これはいったいどういうことであろうか？ それは，前処理が対象とするタスクが，あまりに個別の分野に依存しすぎており，問題の一般化が難しいことが原因であると考えている。それゆえに，問題が生じるたびにアドホックにプログラムを作成することで対処することになる。そうなると，それはプログラミング一般を学ぶこととさほど変わらなくなり，一般的なプログラミングの解説書で十分事足りるということになってしまう。

　一般化が難しいときに取るべき 1 つのアプローチは，ケースを積み上げることであろう。様々な分野で，どのような前処理が必要とされているかをケースとして明示化／共有化することで，前処理の重要性が認知されるとともに，前処理に要する労力を少しでも軽減されることが期待できよう。本書が，そのような動きの一助になれば幸いである。

本書の読み方

　本書で示した Python コードはすべて Jupyter の notebook として公開されており (詳細は後述)，プログラムを実行しながら読み進めていけるようになっている。そこには，紙面の都合上割愛したコメント (プログラム内容を解説する文章) も含まれており，本書の内容を補完する役割も担っている。また，章末には演習問題を掲載しており，各章の内容の復習から，より発展的な問題まで多様な問題を配置している。解答は，公開された notebook 上にすべて掲載している。

　また本書は，「Python によるビジネスデータサイエンス」の他の巻の基礎としての役割も担っている。他の巻では基本的にはきれいなデータを前提に解説が行われているが，その裏では本書で解説されているような前処理を経て用意されているものである。また，他のいずれの巻も，Python のプログラミングを習得していることを前提とした内容となっているため，本書をリファレンスとしても使える。

　本書の構成は，まず第 1 章にて，前処理とは何かを定義付けるとともに前処理の重要性／意義について説明している。そして残りの第 2 章〜付録 B の各章は，「前処理の技術」に焦点を当てた章と 4 つの応用分野における実際の前処理をテーマにした「前処理の実践」の章に大別できる。以下では各章の概要を示すことで，各章の役割と読み進め方について示していく。

前処理の技術

　統計解析や機械学習のモデルの構築に用いられる入力データは，その多くが表構造のデータである。それゆえに，表構造データを処理する技術の重要性は自ずと高まる。第 2 章では，表構造データや HTML テキストなどの生データを扱う様々なライブラリを紹介するとともに，実際に「生」データをダウンロードしてもらうことで，前処理対象となるデータがどのようなものかを実感してもらう。そして第 3 章では，表データを処理する技術に焦点を絞って，pandas ライブラリの利用方法について解説している。著者らの経験によると，応用分野によっても異なるが，表構造データを自由に扱うことができるようになることで，前処理の 6 割程度のタスクに対応することができるようになるであろう。

　しかし，表データの処理方法だけを習得できても限界はある。テキストデータのように，そもそも構造が曖昧なデータや，ファイルのディレクトリ構造や

HTML のような木構造のデータなど様々な構造のデータが存在する。そのような多様な構造のデータを扱うためには，繰り返し処理や条件分岐，リストや辞書といった多様なデータ構造の扱いなど，Python の基本的なプログラミング技術の習得が必要となる。しかしながら，本書ではプログラミング技術の解説に十分に紙面を割くことができず，付録 A にリファレンス的に掲載しておいた。Python の技術書は多く出版されており，それらを併用することで対応してもらいたい。

前処理の実践

公的統計，マーケティング，ファイナンス，自然言語処理の各分野において，実践的な前処理のテーマを設定し，ストーリーベースで前処理技術を解説している。公的統計 (第 4 章) では，Excel で公開されている政府統計データに潜むコード体系の違いの解消や，分散して記録された項目の結合といった前処理の典型例を扱う。マーケティング (第 5 章) では，顧客購買データについて，返品処理や商品名の表記ゆれ解消といったデータクリーニングのテーマを取り上げている。また，顧客セグメンテーションのための特徴量をいかに生成するかについても解説している。ファイナンス (第 6 章) では，「配当落ち」と呼ばれる株式配当にまつわるデータのクリーニングをテーマにしている。具体的には投資信託の価額調整をテーマに取り上げ，収益率の計算や外部データとの連携などの基本的なスキルについても解説している。自然言語処理 (第 7 章) は，他の分野と異なり，表構造の処理はほとんど出てこない。ニュースをテーマに，データ構造が曖昧な自然言語をいかに表構造データに変換していくかについて解説している。

技術優先 vs. テーマ優先

前処理に限らず，プログラミング技術の習得には様々な方法があるが，大きくは「技術優先」と「テーマ優先」とに分かれるであろう。技術優先では，まずは Python のプログラミング言語を一通り勉強し，次に pandas の表処理について一通り勉強し，といった具合に，まずは機能別の技術を身に付ける。"Hello World" を表示させることから始まるアプローチがその典型であろう。一方で，テーマ優先では，まずは「やりたいこと」があり，その実現のためにはどういう技術が必要かを考える。逆引きや，ネット検索でサンプルプログラムをコピ

ぺするアプローチである。

　どちらのアプローチが有効かは，筆者の経験で言えば，学ぼうとしている読者の目的によると思われる。コンピュータ・サイエンスを専攻する学生は，応用より技術に興味があるであろうから，前者のアプローチが有効であろう。一方で現場での実践に近い人は，まずは何ができるか，何をすべきかに興味があり，後者のアプローチが有効となるであろう。

　本書は，いずれのアプローチにも対応できるような工夫をした。いずれのアプローチにも共通して，第1章は前処理とは何かについての概念的な理解を得ることができる。そして，次に，技術優先アプローチをとるのであれば，第2，3章を読み進めるのがよい。これらの章を学習することで，前処理でよく利用される要素技術を習得することができる。その上で実践の各章を読み進めていただきたい。

　一方で，テーマ優先アプローチを取るのであれば，興味のある実践の章に直接飛び込んでいただきたい。具体的なコードを，サンプルプログラムから実行してもらい，個々の要素技術が何をしているのか知りたくなれば，第2，3章そして付録Aをリファレンス的に参照してもらえばよい。

nysol_python

　前述したように，前処理では表構造データの処理が重要となる。Python上で表構造データを加工するためのライブラリとしては，pandasやNumPyなどの「インメモリ型」のライブラリがよく利用される。本書でも表構造のデータ処理についてはpandasを用いた方法を解説している。しかし，インメモリ型であるがゆえに，データサイズが大きくなると(例えば数十ギガバイト)，メモリ不足で処理できなくなる。そこで，著者らがこれまで開発してきたnysol_pythonを紹介しておきたい。このソフトウェアは，メモリ量をさほど消費せず，pandasと同等の機能を有し，また処理速度もpandasと同等もしくはそれ以上である。本書で紹介したpandasを用いたプログラムコードはすべてnysol_pythonでも実現可能であり，サンプルプログラムとして公開している。ただし，現在のところUnix系OSでしか動作せず，Windows環境では利用できない。大規模なデータベースを前処理する必要性のある方は，ぜひとも利用を検討いただきたい。

プログラムとデータのダウンロード

本書で紹介しているすべてのプログラムとデータは，以下の GitHub リポジトリよりダウンロードできる。

https://github.com/asakura-data-science/preprocessing/

プログラムは Jupyter の ipynb 形式で配布している。そのため，プログラムを利用するためには Jupyter のインストールが必要となる。また，上記 GitHub には，本プログラムで必要となるライブラリ一覧も示しているので，事前にインストールする必要がある。Jupyter の利用方法については，付録 B で簡単に解説している。

Jupyter や Python をローカルの PC にインストールするのは簡単ではない。インストール方法がわからない読者のために，必要なソフトウェアとライブラリをインストールしたマシンイメージを Docker 環境で利用できるようにしている。Docker 環境を整えれば Python やそのライブラリをインストールすることなく，すぐにでも本書の勉強を開始できる。Docker についても，上述の Github を参考にしてほしい。

検 証 環 境

本書で紹介しているプログラムは以下の環境で検証している。その他のライブラリのバージョンについては，同じく上述の GitHub を参照されたい。

- Windows 10 Home
  - Python 3.8.5
  - pandas 1.1.2
- Linux CentOS 8.2.2004
  - Python 3.9.0
  - pandas 1.1.4
- macOS Catalina 10.15.7
  - Python 3.8.5
  - pandas 1.1.3

分 担 執 筆

本書は前処理に多くの経験を持つ 5 人の著者が分担して執筆を行った。1.1〜1.3 節，第 6 および 7 章は羽室が，1.4〜1.6 節，および 4.1 節は菊川が，第 2 章

と 3.1 節，付録 A (A.19 節は除く)，B は丸橋が，第 3，4 章，および A.19 は大里が，1.4.3，3.3.4，3.4.5 項，第 5 章は中原がそれぞれ担当した。

2021 年 5 月

羽室行信

目　　　次

Chapter 1

前処理の意義

　統計解析や機械学習に限らず，何かしらの目的があってデータを活用する際，収集した「生」のデータ (ローデータ) をそのまま用いることはほとんどない。分析に限って言えば，統計学的な手法や機械学習の手法を扱う書籍では，手法の習得を目的としているため，すでに前処理が施された「きれいな」データをベースとして解説されていることが多い。一方，私たちがビジネスの現場や研究の分野で日々直面する生のデータは，決して「きれいな」ものではなく，むしろ「きたない」データが多い。

　データを使える (＝価値を取り出せる) 形にするために，データを「きれいに」整える作業のことをデータの前処理と言うが，地味で泥臭い上に，とても時間がかかる工程である。データの前処理はデータ分析の工程の 8 割を占めるとまで言われている。それほど労力を必要とする前処理とは具体的にどのようなものなのであろうか？

　データの前処理はしばしば料理に例えられる。何の料理を作るかは，自分が食べたいもの，あるいは「これが食べたい」というオーダーを受けて決まる。作るものが決まれば，必要な材料を準備して，下ごしらえを行ってから料理をはじめる。データ分析も同様に，何の分析を行うかは，自分の興味・関心の強い分析テーマ，あるいは誰かから「分析して欲しい」という依頼を受けて決定する。分析テーマが決まれば，その分析に必要なデータを用意して，データの前処理を行ってから，ようやく分析のステップに突入する。スーパーで買ってきた食材を，切りも洗いもせずに鍋やフライパンに入れることはしないだろう。それと同様に，通常は，分析のために収集したデータを何の処理も施さずにそのまま分析することはできない。料理のメニューに合わせて調理方法や下ごしらえが変わるように，分析テーマに合わせて適した分析手法やデータの前処理は変化する。利用できるデータや分析手法が多様化している昨今においては，データの特性を正しく理解した上で適切なデータの前処理を行い，最適な分析

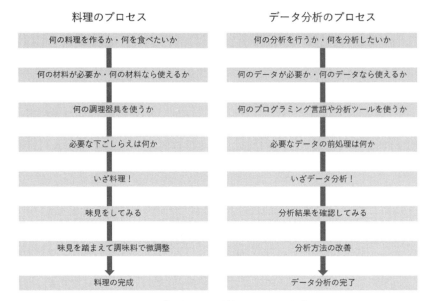

図 1.1　料理とデータ分析のプロセスの比較

を実行することが求められる。

　本章では，前処理とは何かを定義するとともに，具体例をいくつか紹介することで，前処理の意義／重要性について解説していく。また，前処理を支える重要なスキルとして，チェックのスキルについて触れていく。そして，なぜ前処理が必要となるような「きたない」データが出てくるのか，また，前処理を怠ればどうなるのか，といったことにも言及していく。

1.1　KDD プロセスと前処理の定義

　ここまで，前処理という言葉を「生」データを「きれいに」することだとあいまいに定義してきたが，ここで，本書で対象とする前処理の定義を明確に示しておこう。前処理とは何かを定義するにあたって，25 年前に発表された「大規模データベースからの知識発見 (KDD: Knowledge Discovery in Databases)」についての論文が参考になるであろう[1]。この論文では，図1.2 に示されるように，データ分析のプロセスを 5 つの段階，すなわち，データ選択 (selection)，前処理 (preprocessing)，変換 (transformation)，データマイニング (datamining)，評価/解釈 (evaluation/interpretation) に分類している。そして，データ分析

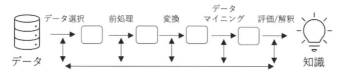

図 1.2　知識発見プロセス

はそれらのプロセスを一方通行で積み上げていくものではなく，行きつ戻りつ試行錯誤で進めていくものであることを示した。

　この論文は，データマイニング (大規模データから仮説を導出するための手法) の文脈で提示されたものであるが，「データマイニング」を統計解析や機械学習に置き換えても成り立ち，それは「きれいなデータ」を入力にした数理モデルを生成する「モデリング」フェーズであると言える。そこで本書では，このモデリングフェーズより前のプロセスすべてを広義に前処理として定義することにする (図 1.3)。

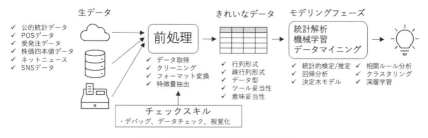

図 1.3　前処理の定義を表した概念図

　また，前処理への入力としての生データとは，分析を行う主体が取得したデータのこととする。このように生データを理解すると，「生データ ＝ きれいなデータ」であることもありえる。それは前処理が全く必要ない状態であるが，そのようなケースは現実的にはまずありえないであろう。

1.2　きれいなデータとは？

　それでは，モデリングフェーズの入力となる「きれいなデータ」とはどのようなデータであろうか？ 以下では，データ形式と妥当性の観点から検討していく。

1.2.1　行列形式と疎行列形式

　まずは，データ形式について見ていこう。モデリングフェーズで用いるツールによって入力データの形式は様々であるが，多くは，表 1.1 に示されるような表構造のデータである。さらに，表構造データは，行列形式および疎行列形式に分類できる (これら 2 つに分類されない形式は後述する)。

表 1.1　行列型 (左) と疎行列型 (右)。行列型の id と列名 (a1〜a4) と 0 以外の値の 3 つ組を 1 行で表現したのが疎行列型となる。

id	a1	a2	a3	a4
s1	0	0	1	0
s2	0	3	0	2
s3	1	4	0	1
s4	0	1	0	1
s5	1	2	0	2
s6	3	2	0	0

id	変数	値
s1	a3	1
s2	a2	3
s2	a4	2
s3	a1	1
s3	a2	4
:	:	:

　行列形式では，「行」によって分析対象の事物を表す。統計解析の世界でサンプル (sample) とか観察 (observation) と呼ばれるものである。優良顧客をモデル化したいなら，個々の顧客が行となり，表 1.1(左) で言えば，id 項目が顧客 ID となる。一方で「列」は事物の属性を表す。変数 (variable) とか特徴量 (feature) と呼ばれるものである。優良顧客をモデル化するのであれば，年齢や性別，来店回数など優良顧客を特徴付ける顧客の属性が列として並ぶ。そして行と列の交点であるセルには，それぞれの顧客の属性の値が格納される。これが行列形式データである。

　次に，疎行列形式であるが，これは内容的には行列形式と同様であるが，「値のない」もしくは「値が 0 の」セルが多い場合に，行 ID，列 ID，値の 3 つ組で行列を表現することで，メモリ消費量を少なくしようとするデータ形式である。例えば，表 1.1 をスーパーマーケットのレシートデータとして考えてみよう。行列型の行は 1 枚のレシート (買い物かご) を表し，a1〜a4 の列は商品で，セルは購入個数と考えればよい。ここでは 4 つの商品しか例示されていないが，実際のスーパーで扱われる商品数は 1 万種類を超えてくる。買い物かごに入れられる商品の数はせいぜい 20 ほどであろう。そうなると，ほとんどのセルに値はない (購買がない) ことになる。そのような場合，表 1.1(右) の疎行列形式でデータを表現するほうが効率的である。このような疎行列形式のデータは，データマイニングの手法の 1 つである相関ルール分析で用いられることが多い

(同シリーズ第3巻『マーケティングデータ分析』の巻で紹介されている)。

1.2.2　ツール妥当性と意味妥当性

　以上は「きれいなデータ」の形式的側面であったが，形式的にきれいであっても十分ではない。まず，利用するモデリングツールがエラーとならずに動作するデータでなければならない。これをツール妥当なデータと呼ぼう。ツール妥当性を考える上でまずクリアしなければならないのがデータ型である。行列形式の列 (変数) にはデータの型を与えるのが一般的である。データ型は，数値型，文字列型，論理型，日付時間型に大別される。また数値型はさらに実数型と整数型に分類される。さらに，ライブラリによっては，実数型と整数型をさらに細かく分類しているものもある。このような変数の型をデータに与えることで，それらの型をツールが識別し，それぞれの型に応じた演算／処理を実行することができるようになる。どの型の変数が処理可能かはツール側によって設定されており，変数の型が違うためにツールが処理できないということも起こりうる。型を正しく設定するのも前処理の重要なタスクである。

　データ型以外にも，多くのツールでは，値がないセルが1つでもあればエラーとなる。よって，前もって，値のない原因を突き止めて適切な処理を付さなければならない。また，全く同じ値を持つ変数が複数あっても動作しないツールもある (例えば重回帰モデル)。クリアすべきツール妥当性の条件はツール依存であり，一般化することは難しいが，利用するモデリングツールのドキュメントにその条件が説明されていることもあるので，その都度参照する必要がある。

　ツール妥当性がクリアされたとしても不十分である。優良顧客をモデル化しようと年齢を変数として用いていたとして，何らかの原因からある顧客の年齢が1000歳といったデータがあったとしたら (多くの顧客データベースでそのようなデータが実際に存在する！)，そのような異常値がモデルに悪影響を与えるかもしれない。このように，データや分析内容の意味としての妥当性が担保されなければならない。これも前処理の重要なタスクである。

1.2.3　その他に考慮すべき点

　きれいなデータの形式の代表として行列形式と疎行列形式を紹介したが，実際にはその他にも様々なデータ形式が存在する。例えば，行と列の2次元で表せない表データもある。例えば画像データは，縦と横が行と列に対応するが，

色は奥行きとして RGB の 3 層から構成される。動画となれば，それに時間軸が加わる。優良顧客のモデル化では，顧客とその属性の 2 次元で表されるデータを例示したが，それに時間軸が加わると行列形式では表現できなくなる。このような 2 次元を超えるデータを扱う形式として「テンソル形式」がある。特に近年発達の目覚ましい深層学習で用いられることが多い。

また，機械学習においては，学習の種類として，教師あり学習と教師なし学習がある。教師あり学習では，変数として目的変数と説明変数を用意せねばならず，それら 2 つのタイプの変数を，きれいなデータとして別々にツールに投入することもある。その場合は，サンプル数 (行数) は同数である必要がある。

さらに，表構造ですらないデータ形式もある。その代表がグラフ構造データであろう。グラフとは，SNS 上の友達関係や鉄道網など，物事の関係性をネットワークとして表現するときに用いられるデータ構造である (例えば，第 7 章の図 7.5 参照)。物事 (SNS 上の人，鉄道網の駅) はノードとして表現し，関係性はノード間を接続する辺 (エッジ) で表現される。隣接行列 (adjacency matrix) やエッジとノードを別々の表として表現することも可能であるが，表現力や操作性に難点が出てくることもあり，グラフ専用のデータ構造を扱うツールもある。

1.3 前処理タスク

きれいなデータがどのようなデータであるか理解してもらったところで，次に，このきれいなデータを作成する前処理にはどのようなタスクがあるかを解説していく。図 1.2 に示した KDD プロセスとも重複する点はあるが，本書では，前処理のタスクを，データ収集，クリーニング，フォーマット変換，特徴量抽出の 4 つに分類する。それぞれについて見ていこう。

1.3.1 データ収集

前処理のスタート地点があるとすれば，生データを収集するタスクであろう。ただ，近年はデータの保管方法が多様化しており，企業内のデータベースに保管されているもの，Web サーバーに保管されているものなど様々である。また，個人の PC に散在しているデータを扱うケースもある。

ある政府統計データは Web 上で CSV・Excel データとして提供されており，このデータを利用するためには，CSV・Excel ファイルのダウンロードと CSV・

Excel データを Python に取り込むことが必要となる。株価データは，Web 上から CSV データとしてダウンロードすることもあれば，リレーショナル・データベースで提供され，随時 SQL で必要なデータを切り出すこともある。小売販売データ (POS データ) は，販売実績データや商品マスター，顧客マスターなど，複数の表構造データとして提供されるかもしれない。また，Web ニュースを取得しようとすると，HTML ファイルをダウンロードすることもあるし，ニュース提供企業が設定した API と呼ばれるインターフェースで取得することもある。これら多様なデータの収集方法については，第 2 章で解説しており，実際の生データを取得して内容を確認する。

1.3.2 データクリーニング

ここで言うデータクリーニングとは，データの妥当性 (ツール妥当性と意味的妥当性) を担保するために生データを修正するタスクのことである。会員登録時に年齢を入力しない顧客は，1900 年生まれで登録するという業務ルールがあったとしよう。すると 2020 年時点で 120 歳の人が大勢出現することになる。そのような年齢は null 値 [*1] に変換するか，それらのサンプルを削除する，もしくは年齢を推定するなどの前処理を行わなければならない。

その他にもデータクリーニングの例は枚挙にいとまがない。公的データにおいて，市区町村コード体系が改定されることがあるが，そのたびにコードの統一が必要となる。商品購買データで，返品データを正しく処理しなければ，返品された商品があたかも売れているような結果を導いてしまうかもしれない。株価データや投資信託データで，株式分割や分配金の影響を調整しなければ，正しい収益率を計算することはできない。いつもは半角のスペースのところがある日のニュースだけ全角のスペースになっていたとすると，情報をうまく取得できないことがある。これらの例はすべて，データの妥当性を担保するために，生データを修正する重要なタスクである。

1.3.3 フォーマット変換

1.2 節で解説したように，きれいなデータは表構造のデータであることが多い。しかし，一方で生データは，リスト，ハッシュ (辞書)，表構造，木構造，

[*1] 値がないことをデータベースの分野では null (ヌル)，また，null を表す値のことを null 値と呼ぶ。例えば，CSV データでは空文字が null 値として利用されることが多い。

グラフ構造など，多様な構造を持つ。テキストデータのように構造が非常にあ
いまいなデータも存在する。また文字列や数値の内部表現の方式 (エンコード)
も，OS が変われば異なる方法が用いられていることもある。これら多様な構
造を持った生データを，表構造で代表される「きれいなデータ」に変換してい
くタスクがフォーマット変換である。フォーマット変換は，一連の前処理タス
クの 1 つのプロセスというよりも，あらゆるタスクで随時必要となるタスクで
ある。

　例えば，ディレクトリツリーに格納されたファイル名一覧をリスト出力する
のは，木構造データをリストに変換する作業である。いくつかの実績データと
マスターデータがバラバラに保管されていて，それらを統合／結合して別のデー
タにするのも変換である。ブログをクローリングしてデータ化したい場合，そ
のブログはツリー構造の HTML によって記述されており，そこから，一部の
データ (例えば日付とタイトルと本文) を抜きだし，リストや辞書に格納するの
も変換である。また，日本語の場合，漢字コードとして Windows の Shift_JIS
(Windows) と UTF-8 (Unix 系) の異なるコード体系が存在するが，それをい
ずれかに統一するのも変換である。

1.3.4　特徴量抽出

　1.2 節で触れたように，モデル化の対象となる事象についての性質を記述した
統計量を一般的に特徴量と呼ぶ。ある顧客の購買履歴という事象の特徴量とし
て，来店回数や 1 回あたりの平均購買金額などを計算する。画像から縦線の本
数をカウントすれば，和風建築を説明する特徴量となるかもしれない。ニュー
ステキストから，「株価上昇」というワードが何回出現するかをカウントすれ
ば，翌日の株価インデックスの予測に使えるかもしれない。音声をフーリエ変
換し，ある周波数帯の波を抜き出せば，感情に影響する音を取り出せるかもし
れない。生データから，これらのモデリングに有効であろう特徴量を取り出す
のは各応用分野の専門家の重要な仕事である。近年，深層学習が爆発的な発展
を遂げているが，それは，特徴量を自動生成できる技術 (例えば convolution)
が開発されたからとも言える。しかし，そこで学習／生成された特徴量はどの
ような意味を持つものなのかその解釈が難しいという問題もあり，応用課題に
よっては，まだまだ特徴量を人間が作成することも多い。

1.4 チェック！チェック!! チェック!!!

　以上に紹介した前処理タスクでは，生データに問題を見つけ，その問題を解決するためのプログラムを作成していく必要がある。しかし，そのプログラムそのものに問題が紛れ込むと，何のための前処理かわからなくなる。データをきれいにしたつもりだけに，心理的にその問題を発見するのは難しくなる。そこで重要となるスキルが「チェック」のスキルである。以下では，チェックのためのスキルとして，プログラムのチェック (デバッグ)，データのチェック，そして可視化でチェックの 3 つのチェックについて見ていこう。

1.4.1 プログラムのチェック

　データの前処理というと，実際のデータの操作方法を思い浮かべる読者が多いのではないだろうか。しかし，データ分析における一連の流れや全体のプロセスを鑑みると，プログラムにおけるミスをいかに早くリカバリできるか，自身が作成したデータがどれだけの品質を担保できるのか，いかにしてデータの全体像・特徴を捉えるのか，というスキルもまた，データサイエンティストやデータアナリストが身に付けておくべき重要なスキルなのである。

■ デバッグとは　　プログラム上の誤りは，バグ (bug) と呼ばれる。そして，プログラムを正しく修正するためにバグを取り除くことをデバッグ (debug) と言う。プログラミングのスキルが高い熟練者であっても，バグは必ず発生するものである。プログラミングにおいては，いかにバグが少ないプログラムを書けるか，バグが発生したときにいかに迅速に取り除くことができるかが重要となる。

　データの前処理において発生するミスは，大きく分けて 2 つの種類が存在する。ひとつはプログラムそのものの誤りで，もうひとつはデータの前処理の適用方法の誤りである。前者はプログラムの処理実行時にエラーを伴うミスであり，後者はエラーの発生はないもののデータの処理として不適切である場合とも言い換えられる。ここでは，「正しいデータセットを構築するスキル」の向上を目的とし，データの前処理が適切かどうかをチェックする観点について触れる。

　言うまでもないが，データの特徴をしっかりと理解していることが大前提と

なる。自分がハンドリングしているデータの特徴を理解していなければ、どのようなところに気を付けるべきか、その観点すら発想することが困難になる。「一刻も早く分析に入りたい」というはやる気持ちを抑え、まずは立ち止まって目の前のデータを丁寧に理解することが、結果として無駄な手戻りを減らし、効率的な分析を可能にするのである。

■ **Python** で頻出するエラーメッセージの種類　　プログラミングを行っていると避けて通れないのが「エラーの解消」である。プログラミング初学者だと、エラーが出たときにうまく対処できず、解消方法がわからずに行き詰まり、プログラミングに対する苦手意識が高まってしまうことも多い。エラーが発生したときには闇雲に試行錯誤するのではなく、エラーメッセージにしっかりと目を通すことが重要である。プログラムのどの部分に誤りがありそうか、素早くあたりをつけることができるように、各種エラーが何に関するエラーなのかを理解しよう。

1) Exception：例外
   - 構文として誤っているものは Syntax Error (構文エラー)、構文として正しくても実行中に発生するエラーは Exception (例外) と呼ばれる
   - 例として、ゼロによる除算 (Zero Division Error) などが挙げられる
   - Syntax Error と異なり、常に致命的とは限らない
2) Syntax Error：構文エラー
   - プログラムの決まりを守って記述できていない場合
3) Name Error：定義されていない変数名を利用した場合に発生
   - 変数名の設定を間違えていないか確認しよう
   - 変数定義を忘れていないか確認しよう
4) Indentation Error：インデントに関するエラー
   - 不適切な個所に半角スペースやタブが入力されてないか確認しよう
   - 必要な半角スペースやタブが不足していないか確認しよう
   - Python では同じインデントを持つ連続した処理を「ブロック」と呼ぶ
5) Type Error：適切でない型のオブジェクトが利用された場合に発生
   - 例：文字列と数値をプラス記号で結合している場合
6) Value Error：関数の引数に不適切な値を渡した場合に発生
7) Zero Division Error：分母が 0 の割り算が発生した場合
8) Index Error：index が範囲外 (実在しない値) だった場合

- 例：要素が3つしかないリストに対し，4番目の要素を指定したときに発生
9) Key Error：指定したキーが辞書の中に存在しない場合
10) invalid character in identifier：識別子に無効な文字列がある
- 例：全角スペースが入っている場合に発生

1.4.2　データのチェック

データサイエンスの分野において，正しい分析を行うためには誤りのないデータを前処理によって用意する必要がある。しかし，どんな人間であってもヒューマンエラーをゼロにすることは困難であり，人間がデータを作成する以上，ミスの発生は避けられない。そこで，可能な限りミスを事前に検知する仕組みが重要となる。有名なものとしては，複数名で作業を行い，各々の成果物を突き合わせすることでミスを検知するダブルチェック（ペアチェックとも呼ばれる）が挙げられる。ダブルチェックは，特にミスが許されない医療・製薬業界や航空機業界，システム開発現場などで積極的に導入されている。このような一部の業界においてはダブルチェックが慣習化されているものの，ダブルチェックには複数名で作業を行う分，多くのリソースを割くため，担当者が単独でデータを生成することも多いのが現状ではないだろうか。とりわけ研究の領域においては，複数名でデータ生成を行うことの方が珍しく，研究者は自身で加工したデータを分析することが大半なのではないだろうか。単独で分析用データを作成する場合，そのデータの正確性は，自らで担保しなければならないのである。
■ **データチェックの重要性**　そこで重要になるのが，セルフチェックのスキルである。プログラミング上のエラーを伴わないデータの前処理のミスは，ミスそのものに気付きにくいため，特に注意が必要である。では，どのようにすればそのようなミスに気付くことができるのだろうか。それは，セルフチェックの観点を身に付けて，中間生成データをこまめに確認することである。中間生成データとは，「中間ファイル」「一時ファイル」などとも呼ばれるが，データの前処理の各工程で生成された，最終的に必要なデータ以外のすべてのデータのことを指す。CSVファイルからインポートしたデータも，データの構造を変換したデータも，各種演算を行ったデータも，それらひとつひとつが「中間生成データ」である。具体的にどのような観点でデータを確認すればデータ前処理のミスを発見しやすいか，データチェックの種類を体系的に示した上で，本

書で扱ったデータ前処理の事例を交えて解説する。

■ **データチェックの種類と具体的なチェック方法**　　IT・情報系のエンジニア
はシステム開発時に，システムが正しく動作することを確認するためにデータ
の入力チェックを行うことが一般的であり，チェックの方法もある程度体系化
されている。一方で，データサイエンティストがデータのチェックを行う方法
については特段体系化されていない現状である。

　本書では，システム開発におけるデータ入力チェックの考え方をもとに，デー
タ分析を目的としたデータの前処理に対して有効なデータチェック方法を体系
的に整理し，10 種類のチェック方法に落とし込んだ。なお，事例は，本書の実
践編で登場する人口に関するデータを題材としている。自らが作成したデータ
のセルフチェックや，他者が作成したデータの第三者チェックを行う際には，
このような観点からデータを確認することでミスの少ない高品質なデータを生
成することが可能となる。

　1)　サンプリングチェック

　　　● 一部のレコードをサンプリングし (抜粋し) 意図した前処理が実行されて
　　　　いるかどうかを検証

　　　－ 例：北海道幌加内町のレコードを抜粋し，2010 年 4 月以前に使用されて
　　　　いた市区町村コード “01439” ではなく，現在運用されている “01472”
　　　　になっているか

　2)　論理チェック

　　　● 複数の関連した項目が論理的に矛盾していないかどうかを検証

　　　－ 例：出生率 (%) = 出生数 (人) ÷ 人口 (人) × 100 の関係が成立してい
　　　　るか

　3)　重複チェック

　　　● 一意であるはずの項目に重複が発生していないかどうかを検証

　　　－ 例：output ファイルに，「集計年」と「市区町村コード」の組み合わ
　　　　せの重複は発生していないか

　4)　レンジチェック／リミットチェック

　　　● 入力された値が，一定の範囲内の値におさまっているかどうかを検証

　　　－ 例：「出生率 (%)」「死亡率 (%)」が 0〜100 の範囲におさまっているか

　5)　フォーマットチェック

　　　● 事前に定められたフォーマットに則って記述されているかどうかを検証

　　　　– 例：カラム配列は仕様通りの並び順か，「都道府県コード」「市区町村
　　　　　　コード」は文字列として設定されているか

6) シーケンスチェック

- 規定された順序通りにデータが並んでいるかどうかを検証
　　– 例：第1キーが「集計年」，第2キーが「市区町村コード」で昇順ソー
　　　　　トされているか

7) ニューメリックチェック

- データが数値であるか，数値項目に対し数値以外が入力されていないか
　検証
　　– 例：「人口(数)」や「出生率(%)」などの数値項目に数値以外が含まれ
　　　　　ていないか

8) カウントチェック

- データの件数(レコード数)を検証する
　　– 例：「集計年」単位でレコード数を検証し，各年で比較した際に大きな
　　　　　変動はないか

9) バランスチェック

- 一致することが想定される対となるデータカラムに対し，計算により一
　致確認を行う
　　– 例：「都道府県コード」単位の人口から求めた全国計と，「市区町村コー
　　　　　ド」単位の人口から求めた全国計が一致しているか

10) 照合チェック

- データが所定の集合(マスタファイルなど)に存在するかどうかを検証
　　– 例：元データに存在し，市区町村の統廃合マスタに存在しない市区町
　　　　　村コードはないか

1.4.3　可視化でチェック

　詳細は 4.1 節で触れるが，データ分析において，まずは分析に使用するデー
タの特徴を理解することが非常に重要である。データの理解なくしてデータ分
析の方針や前処理のプロセスを検討することはできない。分析に用いるデータ
そのものの理解も重要であり，分析結果を解釈するためのデータの理解も重要
である。しかし，我々人間は，膨大な量の数値や文字の羅列を見てもそれらを
直接理解することは難しい。そこで有効な手段が「データの可視化」である。

　可視化はデータをわかりやすく表現して見せる手段の1つであり，その目的は，幅広い情報から見えない関係性を顕在化させ，理解を促すことである。データの可視化により，データの特徴や傾向を直観的に理解することが容易となる。そしてその結果，データに潜む異常値を発見することができたり，ドメイン知識と照合してデータの傾向に違和感がないかを検討することができる。

　可視化には大きく2つの役割があり，「データの概要把握」と「データの解明」である。データの概要把握は，データ全体を俯瞰することでデータの傾向や必要な部分に着目し，データを把握する役割である。データの解明には，これまでには見えていない新たな関係性を顕在化させたり，問題点を新たに発見したり，可視化により新しい気付きをもたらす役割がある。それ以外にもプレゼンテーションで可視化が利用されるように，わかりやすく相手に意味や情報を伝えるためのデザインを意識した可視化の役割もあるが，それは本書の対象外とする。

■ **データの概要把握**　　概要把握は，分析対象のデータのクリーニングなどで用いられることがある。例えば，データに含まれる異常値を発見し除外する際には，散布図を描くことでデータを俯瞰し，極端に離れているデータがないかを確認する。本書では5.11節で，金額と来店頻度の異常値の有無を散布図によって確認している。また，購入金額の多い順に「高, 中, 低」などのラベルを顧客に付与したい場合は，購入金額の出現頻度を調べてヒストグラムを描くことで購入金額の区切りを決めるために利用できる。それ以外にも，7.2.2項では，文章に頻出するキーワードからデータの特徴を捉えるためにワードクラウドによる可視化を行うことで直感的にデータの特徴を把握している。

■ **データの解明**　　次にデータの解明として利用される可視化は，ネットワークの可視化などがそれに当たる。例えば，友人の関係を表すネットワークを想像してほしい。人がノード (点) で，友達の場合にはその人同士をエッジ (辺) で結ぶ。そしてこの友人関係を表すネットワークを可視化することで，共通の友人グループなどのクラスタを見つけることができる。本書では7.2.3項で単語の共起ネットワークを描画し，単語の関係性をネットワークで表し，株価と併用されやすい単語を示している。この可視化の役割はデータの解明として位置付けられる。

1.5 データはなぜきたなくなるのか？

IoT (Internet of Things) 時代の到来，さらにはセンサーの小型化など機器の性能向上により，従来よりも低コストで種々の大規模データを取得することが可能になってきている。その結果，データ分析担当者が扱うことができるデータの種類・量が増加する中，「きたないデータ」も世に溢れてきている。一体なぜ「きたないデータ」が生まれてしまうのだろうか。主な答えは 2 つあると考えている。ひとつは，そもそも分析／活用することを目的として蓄積されたものではなく，業務を遂行する上で副産物的に蓄積されたデータだからである。もうひとつは，個別のデータとしては問題がなくても，複数種類のデータを組み合わせようとしたときに，それぞれのデータの仕様や構造が異なることが問題となるからである。以下では，これら 2 つの原因についての具体例を示していこう。

1.5.1 業務の副産物としてのデータ

スーパーやコンビニなどの小売店でお馴染みの POS システム (商品のバーコードを読み取り精算する仕組み) の初期の目的は，レジの精算業務の効率化にあった。よって，精算業務さえ無事に終了すれば，精算を記録したデータがどう記録されていようが大きな問題にはならないのである。

例えば，「アサヒスーパードライ・350 ml」のように，商品名の一部として容量を記載している小売店は多い。精算業務という点から言えば，精算価格が正確に計算できさえすれば容量に関する記載の品質が精算業務に影響を及ぼすことはない。しかし，ビールの消費量に関する分析をしたければ，商品名に埋め込まれた容量 350 と単位 ml を抜き出すという前処理を行わなければならない。もし容量の分析を前もってやることがわかっていれば，商品データベースに容量と単位の項目を入れていたかも知れない。

また，小売店では必ず返品という業務が発生する。一度販売した商品を，後で店に返すという処理である。その場で返品することもあれば，後日に返品されることもある。そのような場合，一般的にはマイナスの売上を立てることが多いが，返品のマイナス売上と対象の購入売上を消し込むという前処理をしなければ，分析手法によっては，マイナスを無視して返品商品を売れた商品とし

て処理してしまうことにもなる。

　株価の四本値データは，証券取引所での株式の売買を成立させるという業務目的のもと記録されたデータである。企業はときに株式を分割し昨日まで 200円の株式を 100 円 × 2 に変更することがあるが，売買が問題なく成立すれば業務上は問題ない。しかし，時系列で株価のデータを分析しようとすると，昨日までのデータでは株価は 200 円で，次の日からは突然 100 円に大暴落したことになってしまう。よって，分析という目的のもとでは株式の分割を調整しなければならないのである。

　近年，ニュース記事や記事へのユーザコメントを解析することで，政策提言や株価予測への応用が可能となることがわかってきた。しかし，ニュースの配信企業は，世の中で何が起こっているかを正確に読者に届けることが主たる業務であり，ニュース記事の構造を効果的なものにすることにはあまり注目を払っていない。しかしニュース記事を分析する人の視点から見れば，そのニュースがどの企業に関係する記事なのか，場所はどこなのか，関連する人物は誰なのかといった内容に興味があるかもしれない。そのような情報 (アノテーションと呼ばれる) を取るためには，この記事テキストから固有表現抽出という前処理を行わなければならない。

1.5.2　統合化されていないデータ

　次に，複数のデータを組み合わせることによりデータがきたなくなる例を見てみよう。民間企業においては，多くの企業が自社内に蓄積されたデータを活用し，販売戦略や商品開発，業務効率化などビジネスに役立てようという流れが活発になっている。企業活動を行う上で，仕入・販売を行えば取引先の情報が蓄積される。商品が売れれば，何の商品がどんな顧客に売れたのかという販売データが蓄積される。そして，販売に至るまでにはどの社員がどんなアプローチをしたのかという営業データも生まれる。さらに，その社員ひとりひとりの情報は人事情報として存在する。分析目的で構築されたデータ以外にも，このように日々企業が活動していく中で生成され続けるデータが山のように存在する。それらの多くは互いを連結させて使用することを想定していないことが多いため，データの構造が異なっている。

　また，時系列でデータを組み合わせたときにも同様の問題は発生する。例えば，公的データである住民基本台帳の集計データは，必要に応じてその構造が

変更されている。例えば，従来は日本人のみを集計対象としていたが，2013年から新たに外国人住民の区分が追加されたり，4月〜翌年3月の集計を2014年から1月〜12月に変更したりしている。また，震災や火山の噴火のために，調査対象外となった市町村もある。

　異なる構造のデータを組み合わせるためには，まずはデータ構造の統一を図るためにもデータの前処理が欠かせない。そして，データの分析に入る前に各種データの構造を統一化する手間が発生することから，データを活用する人にとって「きたないデータ」になるのである。

1.6　前処理を怠るとどうなるのか？

　「AI (人工知能)」「機械学習」「ビッグデータ」などのバズワードが日々飛び交い，昨今ではこれらのワードを耳にしない日の方が少ないほどである。しかしながら，それらの「正体」を正しく理解した上で活用している人はどれくらいいるのだろうか。まず声を大にして言いたいのは，AIや機械学習は魔法の杖ではないということである。ビッグデータも，データのサンプル数が多いことが深層学習においては有効であることは一般的に知られているところであるが，データのボリュームとして大量 (ビッグ) であることそのものだけに価値がある訳ではない。ビッグデータの中には，分析に適さない，いわゆる「きたないデータ」も多く混ざっていることがある。ビッグデータは，正しい前処理を施して，はじめて宝の山となるのである。世間一般としては「とりあえず大量のデータをコンピュータに投入してみれば，機械が良きに計らって，きっとステキな結果を導き出してくれるのだろう」という幻想を抱いている人がまだまだ多いように感じられる。この本を手に取りデータの前処理スキルの習得を試みている読者には，それらが必ずしも万能ではないことを十分に理解していただきたい。

　コンピュータサイエンスや情報処理の分野で有名な言葉に "Garbage In, Garbage Out" というものがある。簡単に言うと，「ゴミを入れればゴミが出てくる」，つまり，意味のないデータをコンピュータに投げかけたところで，価値のある結果は得られないということを意味した言葉である。このことはデータサイエンスの分野においても同じことが言える。分析のために用意したデータがゴミであれば，分析結果もゴミとなってしまう。

　データの前処理は，正しい分析結果を導くためにも欠かせない工程の1つである。無論，分析対象のデータに対して，最適な分析手法を適用することも重要であるが，そもそも分析にかけるためのデータが正しく準備されないことには何もはじまらない。データが誤っていれば分析結果も誤ったものになってしまうだけでなく，その結果に基づいた解釈で意思決定が行われれば，その判断までもが誤ったものになってしまう。例えば，プログラミングによる処理を行わず，データを手入力したことにより誤った値を入力してしまったり，レコードに重複があることに気付かないまま集計を行ってしまうだけでも，「誤ったデータ」となってしまう。そして，その「誤ったデータ」をいくら眺めても，正しい解釈を得ることはできない。このような負の連鎖を発生させないためにも，データの前処理を正確に行うことは非常に重要となる。データ分析のプロセスにおいては分析手法にスポットライトが当たりがちであるが，データの前処理は地味でありながらも分析のカギを握る，重要な工程なのである。

文　　　献

1) Fayyad, U., Piatetsky-Shapiro, G., & Smyth, P. (1996). From Data Mining to Knowledge Discovery in Databases. AI Magazine, 17(3), 37.

Chapter 2

データの収集

　前処理を実施してデータを整形し，データ分析を行っていくにあたって，まずデータを入手しないと何もはじまらない。世の中には様々な環境・状態でデータが存在している。例えば下記のようなものが挙げられる。

1) 業務データ：組織の情報システムのデータベース
2) 収集データ：組織のファイルサーバーや個人 PC に保存されたファイル
3) センサーデータ：装置内もしくは組織のファイルサーバーのファイルや組織のデータベース
4) Web ページ・SNS・Web 画像／動画データ：インターネット上のデータ
5) メールデータ：組織または個人のメールボックスやクラウドサービス上のデータ
6) WebAPI・公開収集データ：インターネット上に公開された各種データ
7) その他特定データ：企業などが特定の目的で用意したデータ

　これらのデータは様々な技術要素を利用して存在している。業務データであれば RDBMS (リレーショナルデータベースマネジメントシステム) を利用し，そのサーバー内部でテーブルとして存在していることが多い。収集データは Microsoft Excel などのスプレッドシート形式の複数のファイルにまとめてあったり，CSV 形式のテキストファイルに保存されていたりする。また，センサーデータや Web 関連のデータなどは特定形式のテキストファイルに蓄積されて存在しているであろう。

　RDBMS であれば SQL を用いてデータを取得・加工し，スプレッドシートであれば関数やマクロを使ってデータを加工・整形し，Web のデータであればプログラミングを通してデータを取得するように，データが存在している環境やその状態・形式によって，適切もしくは相性の良い様々な技術でデータが取得・加工される。

　一方で昨今のデータサイエンスにおいては，単独のデータだけで知見を得る

ことは難しく，複数の様々なデータを総合的に分析して新たな知見を得ること
がほとんどである。つまり，どこかのタイミングでひとつの技術環境下にデー
タを保持しないといけなくなる。では，どの技術環境下が好ましいかというこ
とになるが，どの技術とも連携できるとなるとプログラミング言語環境しか選
択肢はない。となると，現在においてデータサイエンスのライブラリが一番充
実していて，データサイエンス分野におけるプログラミング言語のデファクト
スタンダードと言える Python 言語を選択するのが最適解であろう。

2.1　生データの取得と初期加工

　世の中に実際に存在している様々な環境・状態下におけるデータ加工前のデー
タを生データ (もしくはローデータ) と呼ぶ。本書においてはこの生データを情
報の欠落なしにそのままファイルに保存することを推奨する。これは生データ
をスタート地点として何度もデータ加工と分析を繰り返すことを想定している
ためである。さらに，生データ取得時点のデータを確実に保存しておくことで，
データ加工・分析を目的に作成したプログラムコードが意図した通りの動作を
しているか常に検証することができる。また，データ分析を進める過程で，後
になって生データに含まれている他の情報も参照したいというケースにも対応
可能となる。

　生データをそのままファイルに保存するとともに，次の前処理工程で使いや
すいデータ形式に変換するまでの工程を本書では初期加工と呼ぶことにする。
初期加工においては，最終的に CSV ファイルか JSON ファイルに出力ファイ
ルを統一し，次工程の前処理の入力ファイルとすることを推奨する。

　初期加工でよく用いられるライブラリの特徴を表 2.1 に，初期加工の概要を
図 2.1 に表した。

　Web 上に存在しているデータについては urllib ライブラリを用いてファイ
ルをそのままダウンロードしたり，Web ページの内容をそのまま HTML ファ
イルとして保存することができる。

　ダウンロードしてきたファイルが Excel ファイルの場合は pandas ライブラ
リや xlrd ライブラリを用いて，また HTML ファイルの場合は BeautifulSoup
ライブラリを用いて，CSV ファイルか JSON ファイルに変換することができる。

　RDBMS (例えば MySQL サーバー) 内のテーブルデータは pymysql ライブ

表 2.1 初期加工でよく用いられるライブラリ一覧

ライブラリ名	内容
SQL (各種 RDBMS 用ツール・ライブラリ)	SQL は RDBMS への操作で使用される。RDBMS には商用のもの (Oracle, Microsoft SQL Server, DB2 など) やオープンソースのもの (MySQL, Postgres など) が存在し、それぞれ専用の SQL ツールが用意されている。また、Python などのプログラミング言語においても各 RDBMS ごとに接続するライブラリが用意されており、例えば MySQL サーバーであれば、`pymysql` ライブラリなどがある。
NumPy	効率よく数値演算を行うための様々なライブラリを提供する Python の拡張モジュールである。ベクトル・行列・テンソルに対応した多次元配列用の独自の変数型 (ndarray) が提供され、その変数に対して高速な操作を行う数学関数が用意されている。科学技術計算の基本的な数値演算を備えているため、データサイエンス分野の他の多くの Python ライブラリが NumPy に依存している。
pandas	効率的に数表や時系列のデータを取り扱うためのデータ構造を実装した `DataFrame` という型が提供されている。`DataFrame` には数値だけに限らず、文字列や時系列を表す日付などのデータも格納することができる。テキストファイル、CSV, JSON, Microsoft Excel, RDBMS などの各種データに対して読み書きする操作が用意されており、`DataFrame` を通してデータの抽出・統合・整形・補完・集計が効率よく行える。
nysol_python	CSV 形式データの入出力に特化して、データの抽出・統合・整形・補完・集計を行う Python のライブラリである。入力データや処理途中のデータをすべてメモリ上に展開して処理する他の多くのライブラリと違い、メモリとストレージをバランスよく使いつつ高速にデータ加工を処理するのが特徴である。1 つのメソッドに 1 つの処理をシンプルに実装した操作メソッド群を提供しており、それらメソッドを組み合わせて実行させることで多種多様なデータ加工を実現できる。 ただし、Windows OS には対応していない (執筆時点)。
urllib	Web ページの取得や Web 上ファイルのダウンロード、WebAPI の利用で使用する。
zipfile	zip ファイルの解凍で使用する。
glob	指定したファイル名・ディレクトリ名のパスのリストを取得することができる。
BeautifulSoup	HTML や XML のファイルを解析して必要な情報を取得する。
json	JSON ファイルの読み込み・書き込みを行う。
xlrd	表形式ではないデータを Excel ファイルから読み込む場合に使用する。

ラリを用いて CSV ファイルに保存することができる。また、RDBMS ベンダーが独自で提供しているツールで CSV ファイルとしてデータ抽出してもかまわない。ただし、作業の再現性・検証性を確保するため、可能な限り手作業を減らしてプログラミングで対応したほうがよいであろう。

　ファイルサーバーやパソコン内に存在している Excel ファイルについても pandas ライブラリや xlrd ライブラリで CSV ファイルか JSON ファイルに変換すればよい。もちろん、ファイルの数が少ない場合は Excel の機能を用いて

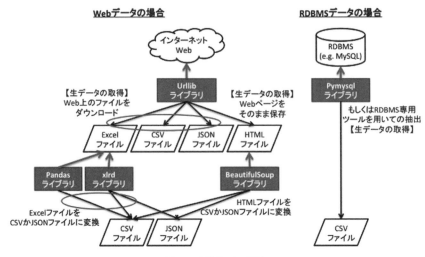

図 2.1　初期加工の概要

手作業で CSV ファイルに保存してもよい。ただし，Excel のセルの書式設定が文字列になっていない場合にそのセルに先頭がゼロの数値が存在していると，CSV ファイルに保存したタイミングで先頭のゼロが欠落してしまうケースがあるため，必ず保存した CSV ファイルをテキストエディタなどで開いて中身を確認すべきである。

　次節以降では，具体的な初期加工の方法を紹介していく。様々な種類の生データを実際に確認しながら初期加工の技術を学びつつ，前処理の必要性を改めて実感していただきたい。

2.2　Web データの初期加工

2.2.1　Web からのファイルダウンロード

　第 6 章「実践：ファイナンス」の 6.3 節「3 要因モデル構築用データのクリーニング」にて使用している生データは，海外の研究者が公開しているサイト (https://mba.tuck.dartmouth.edu/pages/faculty/ken.french/data_library.html) から Fama/French Japanese 3 Factors [Daily] の CSV ファイルをダウンロードしたものである (このサイトでのダウンロードファイルは zip 形式で圧縮されたものとなっている。zip ファイルの解凍方法について引き続き次項で説明する)。まずはファイルをダウンロードする例をコード 2.1 に示

す。Web からのファイルのダウンロードには urllib ライブラリを利用する。

　ファイルのダウンロードは手動でブラウザから行ってもよいが，繰り返し何度も複数のファイルをダウンロードするような場合はプログラミングで対応したほうがよいであろう。

コード 2.1　Web からのファイルダウンロード

```
1   import urllib
2
3   targetURL = 'http://mba.tuck.dartmouth.edu/pages/faculty/ken.french/
        ftp/Japan_3_Factors_Daily_CSV.zip'
4   regFileName = 'jpn3factor.zip'
5
6   #対象ファイルのURL（第1引数),保存するファイル名（第2引数）
7   urllib.request.urlretrieve(targetURL, regFileName)
```

2.2.2　zip ファイルの解凍

　zip ファイルとは，元のファイル (複数も可能) をサイズ圧縮して 1 つのファイルにしたものである。よって，元のファイルを取り扱うためには zip ファイルを解凍して取り出す必要がある。前項で Web からダウンロードした zip ファイルを解凍する例をコード 2.2 に示す。zip ファイルの解凍には zipfile ライブラリを利用する。

コード 2.2　zip ファイルの解凍

```
1   import zipfile
2
3   zipFileName = 'jpn3factor.zip'
4   outDirName = './'
5   outFileName = 'Japan_3_Factors_Daily.csv'
6
7   with zipfile.ZipFile(zipFileName) as zf: # zip ファイルオープン
8       #zip ファイルの中に格納されているファイル名を一覧表示
9       print(zf.namelist())
10      # ['Japan_3_Factors_Daily.csv']
11
12      #すべてのファイルを指定ディレクトリへ解凍
13      # (指定ディレクトリが存在しない場合は自動生成される)
14      zf.extractall(outDirName)
15
16      #特定ファイル (第1引数)を指定ディレクトリ (第2引数) へ解凍
17      zf.extract(outFileName, outDirName)
18
19      #パスワード付きzip ファイルの場合は pwd 引数にパスワードを指定
```

```
20      password=b'qwerty' #パスワード値はバイト型で指定
21      zf.extract(outFileName, outDirName, pwd=password)
22
23  #解凍したファイル (outFileName)の内容 (抜粋)
24  #  This file was created using the 202005 Bloomberg database.
25  #
26  #  Missing data are indicated by -99.99.
27  #
28  #
29  #
30  #  ,Mkt-RF,SMB,HML,RF
31  #  19900702 ,0.85 ,0.38 ,-0.06 ,0.03
32  #  19900703 ,0.07 ,0.72 ,0.30 ,0.03
33  #  19900704 ,1.45 ,0.52 ,0.26 ,0.03
```

　実際に解凍したファイルの内容を見てみると，CSV ファイルとして公開されているにもかかわらずファイルの 6 行目までは空行や CSV 形式以外の説明文が存在していることがわかる。よって，きれいなデータにするためには先頭の 6 行を削除しなければならないことに気付く (具体的な処理方法は 6.3 節で解説している)。

　初期加工ではこのようなことがよく起こるため，生データを自分の目で直接確かめるということが非常に重要である。

2.2.3　Web ページの取得

　Web ページを取得するにはファイルダウンロードと同様に，urllib ライブラリを利用する。取得した Web ページはページ単位でそのまま HTML ファイルとして保存することを推奨する。Web ページの内容は頻繁に変更されることが想定され，処理時点の内容を確実に残しておくことで意図した通りにプログラムが動作しているか検証できるためである。また，そのまま HTML ファイルとして保存しておくことで，後になって同ページの他の情報も取得したいという場合の対応も可能となる。

　例として日本政府の首相官邸ホームページで公開されている歴代内閣のページを取得するものをコード 2.3 に示す。取得したデータは図 2.2 のようになる。各ブラウザにおいて表示ページのソースを表示する機能が用意されており，その内容と比較して取得データが正しいか確認することができる。

コード 2.3　Web ページの取得

```
1    import urllib
```

```
2
3    targetURL = 'https://www.kantei.go.jp/jp/rekidainaikaku/index.html'
4    regFileName = 'rekidainaikaku.html'
5
6    #対象ファイルのURL (第1引数),保存するファイル名 (第2引数)
7    urllib.request.urlretrieve(targetURL, regFileName)
```

```
<!DOCTYPE html>
<html lang="ja">
  <head>
    <meta charset="utf-8">
    <meta http-equiv="X-UA-Compatible" content="IE=edge">
    <meta name="viewport" content="width=device-width, initial-scale=1">
    <meta name="description" content="歴代内閣の情報をご覧になれます。">
    <meta name="keywords" content="首相官邸,政府,内閣,総理,歴代内閣">
    <meta property="og:title" content="歴代内閣 | 首相官邸ホームページ">
    <meta property="og:type" content="article">
    <meta property="og:url" content="http://www.kantei.go.jp/jp/rekidainaikaku/index.html">
    <meta property="og:image" content="http://www.kantei.go.jp/jp/jp/n5-common/img/og_image.jpg">
    <meta property="og:site_name" content="首相官邸ホームページ">
    <meta property="og:description" content="歴代内閣の情報をご覧になれます。">
    <meta name="format-detection" content="telephone=no">
    <title>歴代内閣 | 首相官邸ホームページ</title>
    <link rel="stylesheet" type="text/css" href="/jp/n5-common/css/common.css">
  </head>
  <body id="page-top" class="rekidai-index">
```

図 2.2　コード 2.3 で取得したデータ (抜粋)

2.2.4　HTML/XML ファイルからのデータ取得

　HTML や XML のファイルを解析して必要な情報を取得するには，BeautifulSoup ライブラリを利用する。コード 2.4 では 2.2.3 項で取得した HTML ファイルを読み込む例を示している。HTML ファイルを解析するためには，事前にファイルを参照して HTML のタグ構造を把握しておく必要がある。

コード 2.4　HTML ファイルからのデータ取得

```
1    from bs4 import BeautifulSoup
2
3    inFileName = 'rekidainaikaku.html'
4    outFileName = 'rekidainaikaku.txt'
5
6    #解析対象のhtml ファイルをオープン
7    with open(inFileName, mode = 'r', encoding = 'utf-8') as f:
8        #html ファイルの内容を BeautifulSoup パーサーに読み込ませる
9        soup = BeautifulSoup(f.read(), 'html.parser')
10
11       #出力用ファイルのオープン
12       with open(outFileName, mode='w', encoding='utf-8') as fo:
13           #title タグの文字列を取得
```

```
14          _title = soup.find('title').get_text()
15          print(_title, file=fo)
16          #h3 タグ内の文字列を取得
17          _names = [_h3.get_text() for _h3 in soup.find_all('h3')]
18          print('\n'.join(_names), file=fo)
19
20    #ファイル (outFileName)への出力内容
21    #  歴代内閣 | 首相官邸ホームページ
22    #  第98代安倍 晋三
23    #  第97代安倍 晋三
24    #  第96代安倍 晋三
25    #  第95代野田 佳彦
26    #  第94代菅 直人
27    #  第93代鳩山 由紀夫
28    #  第92代麻生 太郎
29    #  第91代福田 康夫
30    #  第90代安倍 晋三
```

2.2.5　WebAPI からのデータ取得

　WebAPI とは，URL にパラメータを付加して HTTP リクエストを行うことで特定のデータを取得できるように Web 上に提供されているサービスであり，現在様々なデータが WebAPI を通して取得できるようになっている。第 7 章「実践：自然言語処理」では，News API (`https://newsapi.org/`) の WebAPI で取得したデータを生データとして使用している。本項ではその News API を使用したデータ取得例をコード 2.5 に示す。取得したデータ内容は図 2.3 のようになる。なお，News API を使用するためには事前に API キーを取得する必要がある。取得方法については News API のサイトを参照されたい。

コード 2.5　WebAPI データの取得

```
1   import urllib
2
3   # News API を使ったニュースのダウンロード(https://newsapi.org/) 2020/07
        現在
4   # Developer plan
5   # 検索期間：1ヶ月前～1時間前
6   # リクエスト数：500/日
7   # params（辞書で与える）以下は指定可能な主なパラメータ (https://newsapi.
        org/docs/endpoints/everything#sources)
8   # apiKey: 個人で取得したnews api の api key(必須)
9   # q: title と body のキーワードやフレーズ検索，AND/OR/NOT が使える ex.（ビ
        ール OR ワイン）AND 夏
```

```
10   # qInTitle: タイトルのみを検索する。書式はq に同じ
11   # language: 言語 (en,jp など) デフォルトは全言語
12   # from,to: 検索期間 (デフォルト: 契約plan の最古と最新日) ex. from=
        2020-07-09
13   # pageSize: 取得する記事数
14   # domains: 取得する記事元のURL のドメイン(カンマで区切って複数指定可能)
15   # sortBy: relevancy, popularity, publishedAt(デフォルト)
16   def downloadNews (params,jsonFile):
17       url = 'http://newsapi.org/v2/everything'
18       requestStr = url+'?'+ urllib.parse.urlencode(params)
19       print(requestStr)
20       urllib.request.urlretrieve(requestStr, jsonFile)
21
22   #WebAPI のパラメータ
23   params = {'language':'jp',
24             'pageSize':50,
25             'qInTitle':'株価',
26             'domains': 'yahoo.co.jp',
27             'apiKey':'※個人で取得したnews api のキー'
28             }
29   outFileName = 'stock_yahoo.json' #出力ファイル
30
31   #上記で定義しているdownloadNews()関数を呼び出し
32   downloadNews(params, outFileName)
```

{"status":"ok","totalResults":60,"articles":[{"source":
{"id":null,"name":"Yahoo.co.jp"},"author":"ハフポスト日本版","title":"「株価がナイアガラフォール」 安倍晋三
首相の辞任意向報道で、株価が一時600円以上下落 (ハフポスト日本版) ","description":"8月28日の東京株式市場は、「安倍晋
三首相が辞任の意向」と報じられたことを受け、売り注文が一気に集まった。SBI証券の公式サイトによると、日経平均株価は報道が
あった午後2時ごろから一気に下がり、一時","url":"https://news.yahoo.co.jp/articles/
0ff6ec8de8cdbcc2fb57a4206e481fb9963241ee","urlToImage":"https://amd.c.yimg.jp/amd/
20200828-00010008-huffpost-000-2-view.jpg","publishedAt":"2020-08-28T06:20:52Z","content":null},
{"source":{"id":null,"name":"Yahoo.co.jp"},"author":"CoinDesk Japan","title":"テスラとアップル、株式分
割で株価急騰—"ロビンフッドトレーダー"殺到か (CoinDesk Japan)","description":"iPhoneの米アップルと電気自動車の
テスラが株式分割を行い、個人投資家の買い意欲を強めている。テスラ株は8月31日、終値ベースで13%高騰。アップルも3%以上、
値を上げた。\n\nアップルは7月に1株","url":"https://news.yahoo.co.jp/articles/
aacfacddcc3854528b58244496cdb16e438c08cd","urlToImage":"https://amd.c.yimg.jp/amd/
20200901-00097467-coindesk-000-1-
view.jpg","publishedAt":"2020-09-01T07:56:57Z","content":"iPhone831133\r\n714815Stock

図 2.3　コード 2.5 で取得したデータ (抜粋)。JSON ファイルは Jupyter 上でダブル
　　　クリックして表示すると見やすく閲覧できる。また, ブラウザによってはツリー
　　　構造でわかりやすく表示するものもある。

WebAPIからデータを取得する場合も urllib ライブラリを利用する。指定で
きるパラメータや取得できるデータの種類については提供されている WebAPI
のマニュアルを参照して事前に確認する。

WebAPI の多くの場合, 取得するデータの種類は JSON と呼ばれるデータ

形式である。Web ページの取得と同様の理由で WebAPI についても取得した
データをそのままファイルに保存することを推奨する。JSON データの取り扱
いについては 2.4 節にて説明している。

　WebAPI のアドレスとパラメータは「?」で区切って指定する。URL に使え
る文字は限定されているため，漢字や記号の一部は利用可能な文字で符号化す
る必要がある。このような符号化は URL エンコーディングもしくはパーセン
トエンコーディングと呼ばれる。URL エンコーディングには urllib が提供す
る parse.urlencode() メソッドを用いればよい。

2.3　生データの文字コード

　生データのファイルを読み込む際には対象ファイルの文字コードに注意を払
う必要がある。なぜなら，Python の標準環境では，使用している OS によって
文字コード変換の方法が異なるためである。Windows であれば，入出力ファイ
ルの文字コードは Shift_JIS (もしくは CP932) が前提とされる。Mac や Linux
であれば前提となる文字コードは UTF-8 である。よって，前提の文字コード
と違う文字コードのファイルを読み込むときには，encoding パラメータにて
対象ファイルの文字コードを指定しなければならない。パラメータ指定が漏れ
ていたり，間違った文字コードを指定したりすると，ファイル読み込み時にエ
ラーとなる。本書のコードにおいても適宜 encoding パラメータを指定してい
る。例えば，コード 2.4 では，Web ページから取得した HTML ファイルの文
字コードが UTF-8 であるため encoding='utf-8'を指定している。

　ただし，pandas ライブラリのように OS によらずファイルの読み込みを UTF-8
前提としているようなものもあるため (3.1 節参照)，ファイルの入出力時には
文字コードを明示的に指定しておいたほうがよいであろう。

2.4　JSON ファイルの初期加工

　次に，JSON ファイルの読み込み・書き込み方法について紹介する。使用す
るライブラリは json ライブラリである。

　JSON ファイルは Python における辞書型変数 (A.8 節参照) もしくはリスト
型変数 (A.8 節参照) と同等のデータ構造を持つ。そのため，JSON ファイルと

辞書型もしくはリスト型変数の相互変換が可能である。

　対象の JSON ファイルを変換するには json.load() メソッドを使用するが，JSON ファイルの内容が辞書型構造であれば辞書型変数に，リスト型構造であればリスト型変数に変換される。同様に，辞書型変数もしくはリスト型変数を json.dump() メソッドにより JSON ファイルに出力することができる。

　2.2.5 項で WebAPI から取得した JSON ファイルを加工して別の JSON ファイル (図 2.4) へ出力する例をコード 2.6 に示す。

```
[
    {
        "title": "「株価がナイアガラフォール」 安倍晋三首相の辞任意向報道で、株価が一時600円以上下落（ハフポスト日本版）",
        "author": "ハフポスト日本版"
    },
    {
        "title": "テスラとアップル、株式分割で株価急騰――"ロビンフッドトレーダー"殺到か（CoinDesk Japan）",
        "author": "CoinDesk Japan"
    },
    {
        "title": "株価は緩和マネーで底堅く（産経新聞）",
        "author": "産経新聞"
    },
    {
        "title": "株高・ドル安・在庫減少でも上がらない原油価格の謎（小菅努）",
        "author": "小菅努"
    },
    {
        "title": "コロナ禍のなかでの世界の株式時価総額の膨張は何故か（久保田博幸）",
        "author": "久保田博幸"
    },
```

図 2.4　コード 2.6 の出力ファイル内容 (抜粋)

コード 2.6　JSON ファイルの入出力

```
1   import json
2
3   #入力JSON ファイル名
4   inFileName = 'stock_yahoo.json'
5   #出力JSON ファイル名
6   outFileName = 'stock_yahoo_mini.json'
7
8   #対象のJSON ファイルをオープン
9   with open(inFileName, mode = 'r', encoding = 'utf-8') as f:
10      #json.load()メソッドによりJSON ファイルを辞書型変数に変換
11      jsonDict = json.load(f)
12
13      outLst = [] #保存用のリスト変数
14      for item in jsonDict['articles']:
15          outLst.append({
16              'title': item['title'],
17              'author': item['author']
18          })
```

```
19
20      #保存用のJSON ファイルをオープン
21      with open(outFileName, mode = 'w', encoding = 'utf-8') as fo:
22          #json.dump()メソッドによりJSON ファイルとして保存
23          #  第1引数:保存する変数,第2引数:保存するファイル名,
24          #  indent 引数:整形時の字下げ数,
25          #  ensure_ascii 引数:False 指定で日本語の全角文字などをそのまま出力
26          json.dump(outLst, fo, indent=4, ensure_ascii = False)
```

2.5　ファイルパスの取得

　対象の入力ファイルが複数存在する場合がある。glob ライブラリの glob()
メソッドは,指定したファイル名・ディレクトリ名のパスのリストを取得できる。

　コード 2.7 は第 4 章「実践:公的統計」の生データの 1 つとして使用してい
る「住民基本台帳に基づく人口動態調査」の一部をダウンロードしてきたファ
イル群に対して glob() メソッドを用いて操作している例である。入力ファイル
の 1 つ (図 2.5) を見るとわかるように,これらの CSV ファイルもまた先頭 5
行が CSV データとして扱いにくいため,対象ファイルすべてに対して一括で
先頭の 5 行を削除している (図 2.6)。

コード 2.7　ディレクトリにあるファイルリストの抽出

```
1   import glob
2   import os
3
4   dir_in = 'in/stats/2018/' #対象ディレクトリ
5
6   #glob.glob()メソッドの引数に対象ディレクトリのパスを指定する。
7   #ここでは, 'in/stats/2018/*.csv'というパスを指定しており,
8   # *の箇所に任意の文字が含まれるファイルのパスが抽出される。
9   for f in glob.glob(os.path.join(dir_in, '*.csv')):
10      print(f)
11      # in/stats/2018/a020047.csv
12      # in/stats/2018/a020013.csv
13      # in/stats/2018/a020001.csv
14      # in/stats/2018/a020014.csv
15
16      #各ファイルの先頭5行がCSV 形式以外の説明行であるため,
17      #先頭5行を削除したCSV 形式ファイルを別名で作成
18      with open(f+'_after', mode = 'w', encoding = 'utf-8') as f_out:
19          with open(f, mode = 'r', encoding = 'cp932') as f_in:
```

```
20        f_out.write('\n'.join(f_in.read().split('\n')[5:]))
```

```
平成３０年,人口動態統計,,
中巻　総覧　第２表−０１　人口動態総覧（件数）,都道府県（北海道）・市部−郡部−保健所−市区町村別
,出生数,（再掲）,死亡数,（再掲）,死産数,,周産期死亡,,,婚姻件数,離婚件数
,　　　　　,2500g未満,　　　　,乳児死亡数,新生児,自然死産,人工死産,総　数,22週以後,早期新生児,　　　　　,
,,,,,死亡数,,,,の死産数,死亡数,,
０１北海道　　　,32642,2987,64187,62,32,388,493,118,95,23,22916,9971
　札幌市　　　　,13248,1182,19343,34,20,138,208,47,32,15,9878,4024
　その他の市,14104,1371,30851,23,10,182,216,54,48,6,9665,4459
　郡　部　　　,5290,434,13993,5,2,68,69,17,15,2,3373,1488
0110札幌市　　　　　　　　,13248,1182,19343,34,20,138,208,47,32,15,　　　　　　…,　　…
0136小樽市　　　　　　　　,480,54,1901,1,1,1,16,2,1,1,　　　　　　…,　　…
0137市立函館　　　　　　　,1418,140,3761,1,-,15,23,5,5,-,　　　　　　…,　　…
0138旭川市　　　　　　　　,2120,218,4377,7,4,19,35,4,3,1,　　　　　　…,　　…
0151江別　　　　　　　　　,961,89,2148,1,-,12,25,3,3,-,　　　　　　…,　　…
0153千歳　　　　　　　　　,1455,126,2051,3,1,26,20,12,11,1,　　　　　　…,　　…
```

図 2.5　入力ファイルの 1 つ (in/stats/2018/a020001.csv) の内容 (抜粋)

```
０１北海道　　　,32642,2987,64187,62,32,388,493,118,95,23,22916,9971
　札幌市　　　　,13248,1182,19343,34,20,138,208,47,32,15,9878,4024
　その他の市,14104,1371,30851,23,10,182,216,54,48,6,9665,4459
　郡　部　　　,5290,434,13993,5,2,68,69,17,15,2,3373,1488
0110札幌市　　　　　　　　,13248,1182,19343,34,20,138,208,47,32,15,　　　　　　…,　　…
0136小樽市　　　　　　　　,480,54,1901,1,1,1,16,2,1,1,　　　　　　…,　　…
0137市立函館　　　　　　　,1418,140,3761,1,-,15,23,5,5,-,　　　　　　…,　　…
0138旭川市　　　　　　　　,2120,218,4377,7,4,19,35,4,3,1,　　　　　　…,　　…
0151江別　　　　　　　　　,961,89,2148,1,-,12,25,3,3,-,　　　　　　…,　　…
0153千歳　　　　　　　　　,1455,126,2051,3,1,26,20,12,11,1,　　　　　　…,　　…
```

図 2.6　出力ファイルの 1 つ (in/stats/2018/a020001.csv_after) の内容 (抜粋)

　glob() メソッドの引数に指定するパスにおいて任意の文字列として扱われる
ワイルドカード (*) 文字を用いることで，指定した条件に合致する複数のファ
イル・ディレクトリのパスリストが取得できている。このように，複数ファイ
ル・ディレクトリに対して一括で処理をする場合に glob() メソッドは有用で
ある。

　なお，ディレクトリのパスとファイル名を結合するのに os.path.join() メ
ソッドを用いている。パスの表記におけるディレクトリの連結文字は Windows
環境では「￥」を用いるが，Linux や Mac などの UNIX 系 OS では「/」を用
いる。ここは初心者がつまずきやすいポイントであり，どの環境でプログラム
を実行しているかによって注意が必要であるが，os.path.join() メソッドを
使用してパスを結合している場合は，Python が環境を自動で判断してくれる
ので利用すると便利である。

2.6　CSV (TSV) ファイルの初期加工

　ここでは，CSV (TSV) ファイルの読み込み・書き込みについて，`nysol_python` ライブラリと `pandas` ライブラリを利用した場合の方法を紹介する。

2.6.1　nysol_python を利用した CSV (TSV) ファイルの入出力

　複数で大量の CSV ファイルが存在する場合は，`nysol_python` の `mcmd` ライブラリを利用するのが便利である。例として，コード 2.8 では 2.5 節で加工した「住民基本台帳に基づく人口動態調査」CSV ファイル群を入力ファイルとして，`mcat()` メソッドで 1 つのファイルに統合し，続けて `msortf()` メソッドにて一番左端の項目をキーとしてレコードを並び替え，別の CSV ファイルとして出力している。

　`nysol_python` では他にも数十種類のデータ加工用メソッドが提供されており，それらを組み合わせることで CSV ファイルを入出力として多様なデータ加工を行うことができる。なお，TSV ファイル (項目の区切りが tab 文字の形式) を読み込む場合は，まず `mtab2csv()` メソッドで TSV ファイルを CSV ファイルに変換すればよい。

　ただし，`nysol_python` は Windows OS 環境に対応していないため注意が必要である (執筆時点)。

コード 2.8　`nysol_python` を利用した CSV ファイルの入出力

```
1    import nysol.mcmd as nm
2
3    #入力CSV ファイル名
4    inFileName = 'in/stats/2018/*.csv_after'
5    #出力CSV ファイル名
6    outFileName = 'nysol_python.csv'
7
8    #MCMD コマンド格納変数を宣言
9    mcmd=None
10   #mcat メソッドはファイルの読み込み・統合ができる
11   #msortf メソッドは指定項目で行の並び替えができる
12   #  i=引数：入力CSV ファイル名を指定
13   #  nfn=True：先頭行をタイトル行とみなさない
14   #  msortf での f=引数：ソートの項目キーを指定 (0項目)
15   #  o=引数：出力CSV ファイル名を指定
16   #<<=記述子により処理メソッドを順番に格納
```

```
17  mcmd<<=nm.mcat(i=inFileName, nfn=True)
18  mcmd<<=nm.msortf(nfn=True, f='0', o=outFileName)
19  #run()メソッドにより格納した処理メソッドが順番に実行される
20  mcmd.run()
21
22  #出力ファイル (outFileName)の内容 (抜粋)
23  #  01101札幌市中央区      ,1744,170,2174,6,5,21,58,6,4,2,1556,537
24  #  01102札幌市北区        ,1847,163,2842,3,1,20,17,8,7,1,1213,601
25  #  01103札幌市東区        ,1978,163,2512,5,4,17,37,5,2,3,1408,580
26  #  01104札幌市白石区      ,1711,163,2032,4,1,17,18,4,3,1,1455,541
27  #  01105札幌市豊平区      ,1682,130,2047,4,2,16,21,7,5,2,1458,445
```

2.6.2 pandas を利用した CSV (TSV) ファイルの入出力

pandas で CSV ファイルを読み込む場合は read_csv() メソッドを用いる。読み込んだ CSV データは DataFrame という表形式のデータ構造として取り込まれる。逆に DataFrame のデータを CSV ファイルに出力する場合は to_csv() メソッドを用いる (DataFrame については 3.1 節を参照されたい)。コード 2.9 では例として，第 5 章「実践：マーケティング」の生データとして使用している QPR データ (図 2.7) を読み込み，一部の項目のみ抽出して CSV 形式で出力 (図 2.8) している。

コード 2.9 pandas を利用した CSV ファイルの入出力

```
1   import pandas as pd
2   #入力CSV ファイル名
3   inFileName = 'in/ds2qpr.csv'
4   #出力CSV ファイル名
5   outFileName = 'pandas.csv'
6   #CSV ファイルの読み込み
7   # 第 1引数にCSV ファイル名を指定，その他必要な引数を指定
8   df_file = pd.read_csv(inFileName)
9   #正常に読み込めているか，内容確認
10  print(df_file.head(3))
11  # モニタ 日付 購入先区分送信ID 店舗 業態 商品 購入数量 単価 金額 都道府県
        ... 中高生有無 \
12  # 0 00J 20140120 NaN 2 2 6JN 1 248.0 248.0 0 ... 0
13  # 1 00J 20140119 0CjU D 1 u9 1 98.0 98.0 0 ... 0
14  # 2 00J 20140201 NaN u 5 fEw 2 198.0 396.0 0 ... 0
15  #
16  # 大人有無 老人有無 曜日 大分類名 中分類名 小分類名 細分類名 店舗名 業態名
17  # 0 1 0 月 食品 加工食品 漬物・佃煮 漬物 セブンイレブン コンビニエンススト
        ア
18  # 1 1 0 日 食品 生鮮食品 農産 その他農産 いなげや スーパー
```

```
19   # 2 1 0 土 日用品 日用雑貨 住居用洗剤類 使い捨て紙クリーナー類 マツモトキヨ
        シ 薬粧店・ドラッグストア
20   #
21   # [3 rows x 31 columns]
22
23   #一部の項目のみ抽出してCSV ファイルとして出力
24   df_file[["モニタ", "日付", "購入数量", "都道府県", "小分類名"]].to_csv(
        outFileName)
```

モニタ,日付,購入先区分送信ID,店舗,業態,商品,購入数量,単価,金額,都道府県,メーカー,大分類,中分類,小分類,細分類,性別,年代,未既婚,メイン買物担当者,乳幼児有無,小学生有無,中高生有無,大人有無,老人有無,曜日,大分類名,中分類名,小分類名,細分類名,店舗名,業態名
00J,20140120,,2,2,6JN,1,248,248,0.3z,1,11,1117,111701,1,10,1,1,0,0,0,1,0,月,食品,生鮮食品,農産,その他農産,いなげや,スーパー
00J,20140119,0CjU,D,1,u9,1,98,98,0,fo,1,12,1203,120397,1,10,1,1,0,0,0,1,0,日,食品,加工食品,漬物・佃煮,漬物,セブンイレブン,コンビニエンスストア
00J,20140201,,u.5,fEw,2,198,396,0,4j,2,21,2129,212917,1,10,1,1,0,0,0,1,0,土,日用品,日用雑貨,住居用洗剤類,使い捨て紙クリーナー類,マツモトキヨシ,薬粧店・ドラッグストア
00J,20130826,2,2,2hn,4,62,248,0,4,1,13,1304,130497,1,10,1,1,0,0,0,1,0,月,食品,菓子類,アイスクリーム類,パーソナルアイスその他,セブンイレブン,コンビニエンスストア
00J,20130907,6bGe,D,1,fZh,1,198,198,0,fY,1,11,1119,111901,1,10,1,1,0,0,0,1,0,土,食品,加工食品,惣菜類,サラダ,いなげや,スーパー
00J,20130622,,u.5,0JV,2,298,596,0,1o,2,21,2131,213101,1,10,1,1,0,0,0,1,0,土,日用品,日用雑貨,芳香・消臭剤,トイレ用芳香・消臭・防臭剤,マツモトキヨシ,薬粧店・ドラッグストア
00J,20130828,a39k,2,2,6kW,2,88,176,0,0D,1,11,1118,111801,1,10,1,1,0,0,0,1,0,水,食品,加工食品,水物,豆腐,セブンイレブン,コンビニエンスストア
00J,20130620,65BQ,F,5,GGC,1,2480,2480,0,Ch,2,22,2219,221907,1,10,1,1,0,0,0,1,0,木,日用品,OTC医薬品類,外皮用薬,外用鎮痛・消炎薬（貼付・塗布薬）,ウエルシア,薬粧店・ドラッグストア

図 2.7　コード 2.9 の入力ファイル内容 (抜粋)

```
,モニタ,日付,購入数量,都道府県,小分類名
0,00J,20140120,1,0,漬物・佃煮
1,00J,20140119,1,0,農産
2,00J,20140201,2,0,住居用洗剤類
3,00J,20130826,4,0,アイスクリーム類
4,00J,20130907,1,0,惣菜類
5,00J,20130622,2,0,芳香・消臭剤
6,00J,20130828,2,0,水物
7,00J,20130620,1,0,外皮用薬
```

図 2.8　コード 2.9 の出力ファイル内容 (抜粋)

read_csv() メソッドでは読み込む CSV ファイルの内容に応じてオプションを適切に指定する必要がある。なお，TSV ファイルを読み込む場合は，オプション引数に delimiter='\t' を指定すればよい。

また，CSV ファイルを意図通りに読み込めているかを確認するために，読み込み後の DataFrame の内容をデバッグ出力して確認することを癖付けるべきである。DataFrame 変数 df の先頭から 3 行目まで確認する場合は df.head(3)，最終行から 5 行を確認する場合は df.tail(5) と指示すればよい。

2.7　Excel ファイルの初期加工

続いて，Microsoft Excel ファイルから表形式データと表形式以外のデータ

を取得する方法について紹介する。この節で読み込む Excel ファイルは第 4 章「実践：公的統計」の生データの 1 つとして使用している「住民基本台帳に基づく人口」データである (図 2.9)。

団体コード	都道府県名	市区町村名	人口				世帯数		住民票記載数				
			男	女	計	日本人住民	複数国籍	計	転入者数 (国内)	転入者数 (国外)	転入者数 (計)	出生者数	その他 (増の計)
		合計	61,096,245	64,111,358	125,209,603	56,153,341	460,658	56,613,999	4,890,267	171,093	5,061,360	948,396	11,110
010006	北海道		2,506,580	2,799,233	5,307,913	2,745,228	5,112	2,750,340	240,776	4,038	244,814	34,204	76
011002	北海道	札幌市	907,013	1,033,022	1,940,035	1,038,412	2,498	1,040,910	119,129	2,040	121,169	13,883	31
011011	北海道	札幌市中央区	104,586	126,808	231,394	137,901	534	138,435	20,532	393	20,925	1,772	6
011029	北海道	札幌市北区	133,948	148,377	282,325	148,222	289	148,511	18,307	283	18,590	1,949	7
011037	北海道	札幌市東区	123,840	136,667	260,507	140,097	281	140,378	15,028	203	15,231	2,143	2
011045	北海道	札幌市白石区	100,391	110,469	210,860	119,718	225	119,943	13,613	139	13,952	1,731	1
011053	北海道	札幌市豊平区	101,928	118,086	220,014	123,725	299	124,024	16,595	216	16,811	1,747	5
011061	北海道	札幌市南区	64,231	73,900	138,131	72,008	183	72,191	7,561	185	7,716	723	3
011070	北海道	札幌市西区	95,488	114,780	213,268	111,851	216	112,067	12,285	156	12,441	1,631	2
011088	北海道	札幌市厚別区	58,367	68,807	127,174	63,956	208	64,164	6,450	193	6,643	694	4
011096	北海道	札幌市手稲区	66,884	74,839	141,723	68,312	143	68,455	6,731	165	6,896	869	0
011100	北海道	札幌市清田区	54,586	60,109	114,439	52,622	120	52,742	4,827	137	4,964	628	1
012025	北海道	函館市	119,166	142,406	261,572	142,421	170	142,591	8,737	166	8,903	1,414	8
012033	北海道	小樽市	53,393	64,961	118,354	63,998	116	64,114	3,192	105	3,297	556	1
012041	北海道	旭川市	157,727	181,551	339,278	176,994	234	177,228	10,234	223	10,457	2,203	8
012050	北海道	室蘭市	40,927	44,521	85,449	45,980	59	46,039	3,060	56	3,116	517	0
012068	北海道	釧路市	80,916	90,728	171,644	93,994	97	94,091	5,798	77	5,868	944	6
012076	北海道	帯広市	79,658	87,320	166,978	86,664	119	86,782	7,245	122	7,367	1,291	2
012084	北海道	北見市	56,286	62,113	118,401	61,169	76	61,240	3,904	35	3,939	779	2

図 2.9 「住民基本台帳に基づく人口」データの一部の Excel ファイル (抜粋)

2.7.1 Excel の表データを読み込む

Excel ファイルから表データを読み込むには pandas ライブラリの read_excel() メソッドを利用するのが便利である。header や index_col などのオプション引数は read_csv() メソッドと同じであり，その他に sheet_name などの Excel 固有のオプション引数が指定できる。

読み込んだデータは CSV ファイルとして保存しておくのがよい。コード 2.10 にて，図 2.9 のファイルを CSV ファイル (図 2.10) に出力する例を示す。

コード 2.10　Excel から表データを取得する例

```
1   import pandas as pd
2
3   #入力Excel ファイル名
4   inFileName = './in/1807nsjin.xls'
5   #出力CSV ファイル名
6   outFileName = 'pandas2excel.csv'
7   # 第 1引数にCSV ファイル名を指定，その他必要な引数を指定
8   df = pd.read_excel(
9       inFileName,
10      sheet_name = '人口,世帯数,人口動態 (市区町村別)【日本人住民】',
11      header = 1
12  )
13  df.to_csv(outFileName)
```

,団体コード,都道府県名,市区町村名,平成30年,Unnamed: 4,Unnamed: 5,Unnamed: 6,Unnamed: 7,Unnamed: 8,平成29年,Unnamed: 10,Unnamed: 11,Unnamed: 12,Unnamed: 13,Unnamed: 14,Unnamed: 15,Unnamed: 16,Unnamed: 17,Unnamed: 18,Unnamed: 19,Unnamed: 20,Unnamed: 21,Unnamed: 22,Unnamed: 23,Unnamed: 24,Unnamed: 25,Unnamed: 26,Unnamed: 27,Unnamed: 28,Unnamed: 29,Unnamed: 30
0,,,人口,,世帯数,,住民票記載数,,,住民票消除数,,,増減数(A)-(B),増減率,自然増減数,自然増減率,社会増減数,社会増減率
1,,,男,女,計,日本人住民,複数国籍,計,転入者数(国内),転入者数(国外),転入者数(計),出生者数,その他(転化等),その他(その他),その他(計)(A),転出者数(国内),転出者数(国外),転出者数(計),死亡者数,その他(国籍喪失),その他(その他),その他(計),計(B),,,
2,合
計,,61098245,64111358,125209603,56153341,460658,56613999,4890267,171093,5061360,948396,11110,60360,71470,6081226,4905882,172536,5078418,1340774,156,35933,36089,6455281,-374055,-0.2978532445678561,-392378,-0.31244351872597 95,18323,0.014590274158123343
3,10006.0,北海
道,,2508580,2799233,5307813,2745228,5112,2750340,240776,4038,244814,34204,76,2055,2131,281149,248428,4098,252526,62651,5,772,777,31 5954,-34805,-0.6514596401988688,-28447,-0.5324543135968172,-6358,-0.11900532660205165
4,11002.0,北海道,札幌
市,907013,1033022,1940035,1038412,2498,1040910,119129,2040,121169,13883,31,627,658,135710,110666,2132,112798,18807,3,240,243,131848 ,3862,0.1994656469230797,-4924,-0.2543161174130617 6,8786,0.4537817643361415
5,11011.0,北海道,札幌市中央
区,104586,126808,231394,137901,534,138435,20532,393,20925,1772,6,88,94,22791,18775,374,19149,2014,0,34,34,21197,1594,0.69364664926022 62,-242,-0.1053089643167972,1836,0.7989556135770235
6,11029.0,北海道,札幌市北

図 2.10　コード 2.10 の出力ファイル内容 (抜粋)

2.7.2　Excel の各セルを読み込む

　表形式以外のデータを Excel ファイルから取得するには xlrd ライブラリを利用してセル単位にデータを読み込む。コード例をコード 2.11 に示す。入力ファイルは同じく「住民基本台帳に基づく人口」データである (図 2.9)。

コード 2.11　Excel から表形式以外のデータを取得する例

```
1  import xlrd
2
3  #入力Excel ファイル名
4  inFileName = './in/1807nsjin.xls'
5  wb = xlrd.open_workbook(inFileName) #Excel ファイルオープン
6  sheet_1 = wb.sheet_by_index(0) #読み込むシート番号を指定
7  #7行目の 2,3,4列目のセルを取得
8  row = 6 #0からカウントされるため 7行目のこと
9  cols = [1, 2, 3] #0からカウントされるため 2,3,4列目のこと
10 for col in cols:
11    _type = sheet_1.cell_type(row, col) #セルの型を取得
12    _value = sheet_1.cell(row, col).value #セルの値を取得
13    #セルの型が 3=日付の場合は値の変換が必要
14    if _type == 3:
15       _value = xlrd.xldate.xldate_as_tuple(_value,0)
16    print("行", row, "列", col, "セル形式", _type, "値", _value)
17    # 行 6 列 1 セル形式 1 値 北海道
18    # 行 6 列 2 セル形式 1 値 札幌市
19    # 行 6 列 3 セル形式 2 値 907013.0
```

2.8　RDBMS データの初期加工

　RDBMS データは CSV ファイルに保存するのがよい。データの取得は各種 RDBMS ベンダーが独自で提供しているツールやプログラム言語 (プロシージャ)

を利用するのが好ましい。また，Python では各種 RDBMS 用に専用のライブラリが用意されている。例えば MySQL サーバー用の pymysql ライブラリなどである。いずれの場合でも基本的な SQL の技術や対象 RDBMS の仕様を理解しておくことが必要となる。

　本節では pymysql ライブラリを用いたコード例 (コード 2.12) を紹介する。なお，このコードは下記環境を事前に構築しておかないと実行させることができない。

- ローカルマシン (localhost) に MySQL サーバーがインストールされていて起動済み
- 'db' という名前のデータベースが作成済み
- 'username' というユーザーが作成済み (パスワードは 'password')
- 「住民基本台帳による人口」というテーブルが作成され，データ格納済み

コード 2.12　RDBMS からのデータ取得例

```
1   import pymysql
2
3   #mysql サーバーへの接続関連情報を格納する辞書型変数
4   _mysql = {}
5   _mysql["_host"] = 'localhost'
6   _mysql["_user"] = 'username'
7   _mysql["_password"] = 'password'
8   _mysql["_charset"] = 'utf8mb4'
9   _mysql["_db"] = 'mydb'
10  #mysql 接続
11  connection = pymysql.connect(host=_mysql["_host"],
12                               user=_mysql["_user"],
13                               password=_mysql["_password"],
14                               charset=_mysql["_charset"],
15                               local_infile=True)
16  #操作のためのカーソルオープン
17  #(引数にpymysql.cursors.DictCursor を指定すると辞書型で出力)
18  cur = connection.cursor()
19  #使用するデータベースへの接続
20  cur.execute("use {_db};".format(**_mysql))
21
22  #実行したいsql 文を文字列で生成
23  sql='''
24  select
25      集計年，団体コード，人口_計
26  from 住民基本台帳による人口
27  ;
```

```
28    '''
29    cur.execute(sql) #sql の実行
30    rows = cur.fetchall() #sql の実行結果をすべて取得
31    print("件数", len(rows))
32    print([title[0] for title in cur.description])
33    print(rows[:3])
34    #出力内容
35    # ['集計年', '団体コード', '人口_計']
36    # (('2017', '010006', 5342618),
37    #  ('2017', '011002', 1936173),
38    #  ('2017', '011011', 229800))
39
40    #操作カーソルとサーバー接続の切断
41    cur.close()
42    connection.close()
```

Chapter 3

表構造データの処理技術

本章では，表構造のデータを操作するための具体的な Python のコード，主に pandas を利用したコードを紹介する。Python でデータ分析の経験がある場合は，第4章以降を読み進めていき，関数の確認のための逆引きとして，この章に立ち戻るという本書の活用方法を推奨する。なお，各節のコードに共通したライブラリの読み込みとして，コード 3.1 が各コードの冒頭に必要である。

コード 3.1　3 章の準備

```
1  # ライブラリの読み込み
2  import pandas as pd
3  import numpy as np
4  import os
5  from glob import glob
```

3.1　DataFrame

pandas では表構造のデータを取り扱うために DataFrame というクラスが提供されており，基本的にこの DataFrame に対してデータ操作を行う。DataFrame は表構造の値を保持する values，列名を保持する columns，行名を保持する index の 3 つの要素から構成されている。

read_csv() メソッド (2.6.2 項参照) で読み込んだ CSV ファイルのデータにおいても DataFrame が生成される。コード 3.2 では，サンプルで用意した CSV ファイルを読み込むと DataFrame が生成されていることを示している。Jupyter 環境であれば図 3.1 のように DataFrame の変数名 (df_0) を指定するだけで中身を整形して表示させることができる。

なお，pandas では使用している OS に関係なく，入出力ファイルの文字コードは UTF-8 が前提とされる。UTF-8 以外の文字コードのファイルを扱う際には encoding パラメータの指定が必要であるため注意されたい。

コード 3.2　DataFrame の生成 (CSV ファイルから)

```
1   #CSV ファイルの読み込み
2   df_0 = pd.read_csv('in/0_company_data.csv')
3
4   #df_0 は DataFrame
5   print(type(df_0)) #<class 'pandas.core.frame.DataFrame'>
6
7   #DataFrame 変数(df_0)の中身表示 (Jupyter 環境)
8   df_0
```

	企業管理コード	資本金_千円	従業員数	所在地_都道府県名
0	A01132330	913	378	広島県
1	A03112202	970	88	福岡県
2	A03124920	902	148	三重県
3	A04113912	1127	72	福岡県
4	A04116769	1037	114	東京都
5	A04122570	1158	103	大阪府

図 3.1　Jupyter 環境における DataFrame の内容表示例

　コード 3.3 はコード 3.2 で生成した DataFrame の 3 要素 (values, columns, index) の型と値を確認したものである。values の型は numpy の ndarray である。CSV ファイルの行 × 列に対応した 2 次元配列となっている。「DataFrame 変数名 [列名]」と指定することで列データを Series クラスという 1 次元配列に対応した型で抽出することができる。

　columns と index の型は pandas 独自の特殊型 (RangeIndex 型など) であるが，リスト型と同じように取り扱うことが可能であり，tolist() メソッドによりリスト型に変換することもできる。

　また，DataFrame では列ごとに dtype と呼ばれる pandas 独自のデータ型が指定される。dtype の int64 型は Python の int 型に対応し，float64 型は float 型，object 型は str 型に対応する。DataFrame 各列の dtype については dtypes 属性で確認できる。

コード 3.3　DataFrame の 3 要素とデータ型

```
1   #values
2   print(type(df_0.values)) #<class 'numpy.ndarray'>
3   print(df_0.values)
4   # [['A01132330' 913 378 '広島県']
5   #  ['A03112202' 970 88 '福岡県']
6   #  ['A03124920' 902 148 '三重県']
```

```
7   # ['A04113912' 1127 72 '福岡県']
8   # ['A04116769' 1037 114 '東京都']
9   # ['A04122570' 1158 103 '大阪府']]
10
11  #列データはSeries 型
12  sr_0 = df_0['所在地_都道府県名']
13  print(type(sr_0)) #<class 'pandas.core.series.Series'>
14  print(sr_0)
15  # 0 広島県
16  # 1 福岡県
17  # 2 三重県
18  # 3 福岡県
19  # 4 東京都
20  # 5 大阪府
21
22  #columns
23  print(type(df_0.columns)) # <class 'pandas.core.indexes.base.Index'>
24  print(df_0.columns)
25  # Index(['企業管理コード', '資本金_千円', '従業員数', '所在地_都道府県名
        '], dtype = 'object')
26  print(df_0.columns.tolist())
27  # ['企業管理コード', '資本金_千円', '従業員数', '所在地_都道府県名']
28
29  #index
30  print(type(df_0.index)) #<class 'pandas.core.indexes.range.RangeIndex
        '>
31  print(df_0.index) # RangeIndex(start = 0, stop = 6, step = 1)
32  print(df_0.index.tolist()) # [0, 1, 2, 3, 4, 5]
33
34  #列のデータ型
35  print(df_0.dtypes)
36  # 企業管理コード object
37  # 資本金_千円 int64
38  # 従業員数 int64
39  # 所在地_都道府県名 object
40  # dtype: object
```

pandas では DataFrame のデータを加工するための操作やメソッドが数多く提供されており，本章の以下の節ではその中でもよく利用されるものを中心に紹介する。これら操作，メソッドを組み合わせることで表構造データに対する多様なデータ加工を実現することができるようになる。

3.2 カラム操作

　カラム操作とは，列方向のデータフレームに対する操作のことで，例えば，必要なカラムを選択することや新しいカラムを定義することなどを実施していく。

　この節での利用データを読み込むため，はじめにコード 3.4 を実施する。読み込みデータの結果は図 3.2 となる。

コード 3.4　3.2 節の準備

```
1   df_col1 = pd.read_csv('./in/1_company_data.csv', dtype = {'所在地
        _市区郡コード':'object'} )
```

	企業管理コード	資本金_千円	従業員数	所在地_市区郡コード	所在地_都道府県名	創業年	創業月	設立年	設立月
0	A01132330	913	378	34203	広島県	1900	3	1987	7
1	A01132330	913	378	34203	広島県	1900	3	1987	7
2	A01132330	913	378	34203	広島県	1900	3	1987	7
3	A03112202	970	88	40137	福岡県	1900	3	1987	7
4	A03112202	970	88	40137	福岡県	1900	3	1987	7

1050

図 3.2　3.2 節での利用データ (df_col1)

3.2.1　必要なカラムの選択

　分析に必要なカラムのみを選択することは，大量データを前処理する際に処理時間の短縮，メモリのオーバーフローの防止など，メリットが多いスキルである。また，実際のデータ分析は，検証する仮説にそってデータ前処理が設計されるため，必要となる変数が事前に判明している場合が多い。

　ここでは，読み込んだ企業属性情報 (df_col1) の中で，分析に必要なカラムである企業管理コード，従業員数，所在地_市区郡コード，所在地_都道府県名を残すこととした図 3.3 となることを目指す。

　カラムの選択は，DataFrame を指定して呼び出す際に [['列名']] でカラムを指定することで実施することができる。コード 3.5 のように記述する。

コード 3.5　必要なカラムを保持

```
1   df_col2 = df_col1[['企業管理コード', '従業員数', '所在地_市区郡コード',
        '所在地_都道府県名']]
```

　もしカラムの保持ではなく，カラム除去の方が効率的な場合は，コード 3.6

	企業管理コード	従業員数	所在地_市区都コード	所在地_都道府県名
0	A01132330	378	34203	広島県
1	A01132330	378	34203	広島県
2	A01132330	378	34203	広島県
3	A03112202	88	40137	福岡県
4	A03112202	88	40137	福岡県

1050

図 3.3　カラム保持の処理結果

のように drop() でカラムを除去することも可能である。

コード 3.6　不要なカラムを除去

```
1  df_col2_2 = df_col1.drop(columns=['資本金_千円', '創業年', '創業月',
       '設立年', '設立月'])
```

3.2.2　新たなカラムの定義

　分析では，元々データにないカラムを自分で定義する必要がたびたび発生する。ここでは，練習のために，都道府県名と同じカラム「所在地_都道府県名 2」を作成し，図 3.4 となることを目指す。

	企業管理コード	従業員数	所在地_市区都コード	所在地_都道府県名	所在地_都道府県名2
0	A01132330	378	34203	広島県	広島県
1	A01132330	378	34203	広島県	広島県
2	A01132330	378	34203	広島県	広島県
3	A03112202	88	40137	福岡県	福岡県
4	A03112202	88	40137	福岡県	福岡県

1050

図 3.4　出力結果 (df_col3_1)

　新たな変数の定義にはいくつか方法があり，assign() と [ ] の 2 パターンをここでは紹介する。1 つ目のパターンはメソッドを利用する方法である。assign() はコード 3.7 のように処理する。

コード 3.7　都道府県名カラムの作成 1

```
1  df_col3_1 = df_col2.assign(所在地_都道府県名 2 = df_col2['所在地
       _都道府県名'])
```

　2 つ目のパターンはコード 3.8 のように処理する。もともとの DataFrame に追加するようになるため，違いを見るために，最初に DataFrame をコピーして実施する。

コード 3.8　都道府県コードの作成

```
1  df_col3_2 = df_col2.copy()
```

```
2   df_col3_2['所在地_都道府県名2'] = df_col3_2['所在地_都道府県名']
```

3.2.3 カラム名のリネーム

DataFrame のカラム名の可読性と記述のしやすさを高めることで，分析する際に間違いなく，また，効率的にコーディングを行うことができる。ここでは，従業員数に対して，単位である「人」を付けた図 3.5 となることを目指す。

	企業管理コード	従業員数(人)	所在地_市区郡CD	所在地_都道府県名	所在地_都道府県名2
0	A01132330	378	34203	広島県	広島県
1	A01132330	378	34203	広島県	広島県
2	A01132330	378	34203	広島県	広島県
3	A03112202	88	40137	福岡県	福岡県
4	A03112202	88	40137	福岡県	福岡県

1050

図 3.5　カラム名の変更 (df_col4)

カラム名の変更は，rename() を用いてコード 3.9 のように処理する。元の DataFrame を変更しないように copy() で DataFrame のコピーを行う。以降でも，処理の最初に DataFrame のコピーが行われていることがあるが，読者が実際に処理を行った際に比較できるようにすることが目的である。

コード 3.9　カラム名の変更
```
1   df_col4 = df_col3_1.copy()
2   df_col4.rename(columns = {'従業員数':'従業員数（人)', '所在地
      _市区郡コード':'所在地_市区郡CD'}, inplace = True)
```

3.2.4 カラムの属性確認・変更

四則演算や区分作成などを行う準備として，カラムが文字列か数値列かなどのカラム属性の確認や，属性情報の変更を行うことがしばしば必要となる。ここでは「所在地_市区郡 CD」の属性を調べて，数値列に変更するという練習を行う。本来は，市区郡コードなどの数値のみで構成されている管理コードを数値カラムにすることは，0 で始まる管理コードが変化してしまう，いわゆるゼロ落ちが発生し，コード体系が変化してしまうため，推奨はしない。カラムの属性の確認は dtype() を用いて行う。コード 3.10 のように処理する。

コード 3.10　カラム属性の確認
```
1   df_col4['所在地_市区郡CD'].dtype
```

結果は，dtype('O') となり，ファイルを読み込む際に設定したカラム型である O (object) が表示される。

次に，この市区郡 CD を数値列に変更する。カラムの属性変更を行う astype() を用いて，コード 3.11 のように処理する。

コード 3.11　文字列置換とカラムの属性変更

```
1  df_col5 = df_col4.copy()
2  df_col5['所在地_市区郡 CD_int'] = df_col5['所在地_市区郡 CD'].astype(np.
       int64)
3
4  df_col5['所在地_市区郡 CD_int'].dtype #結果 :dtype('int64')
```

3.3 値 操 作

次に，数値の計算や文字列の操作などの値の中身の加工について説明していく。まずは，この節における利用データを読み込むため，コード 3.12 を実施する。

コード 3.12　3.3 節の準備

```
1  df_val1 = pd.read_csv('./in/2_company_data.csv', dtype = {'所在地
       _市区郡コード':'object'})
```

利用データは図 3.6 である。

	企業管理コード	従業員数	所在地_市区郡コード	所在地_都道府県名	決算期年	売上高_百万円
0	A00115478	102	29400	奈良県	2018	337
1	A00115478	102	29400	奈良県	2019	258
2	A00116790	91	38201	愛媛県	2018	335
3	A00116790	91	38201	愛媛県	2019	315
4	A03112202	88	40137	福岡県	2018	271

1034

図 3.6　3.3 節利用データ (df_val1)

3.3.1　文字列の切り出し

文字操作の一種である文字列からの切り出しを行う。ここでは，市区郡コードから 2 文字を切り出し都道府県コードを示す「所在地_都道府県コード」カラムを作成し，図 3.7 となることを目指す。

文字列の切り出しは str[] で実施でき，コード 3.13 のように処理する。

	企業管理コード	従業員数	所在地_市区郡コード	所在地_都道府県名	決算期年	売上高_百万円	所在地_都道府県コード
0	A00115478	102	29400	奈良県	2018	337	29
1	A00115478	102	29400	奈良県	2019	258	29
2	A00116790	91	38201	愛媛県	2018	335	38
3	A00116790	91	38201	愛媛県	2019	315	38
4	A03112202	88	40137	福岡県	2018	271	40

1034

図 3.7 文字列の切り出し (df_val2)

コード 3.13 文字列の切り出し処理

```
1  df_val2 = df_val1.assign(所在地_都道府県コード = df_val1['所在地
   _市区郡コード'].str[0:2])
```

str[0:2] の数字が切り出し文字数のイメージと異なるかもしれないが，Python は数字の始まりが 1 ではなく 0 から数えていくことが基本であるため，スタートが 0 となっている。また，終わりが 2 となるのは，文字数でいうと 3 文字目となるが，3 文字目よりも前の文字列を切り出すという指示になっているためである。

また，後ろから何文字目という指定も可能である。なお，後ろからの指定の場合は，-1 から数え始める。今回の市区町村の場合は，後ろ 1 文字目から 3 文字目までを削除とするので，str[0:-3] と設定しても実装できる。

3.3.2 文字列の結合

文字列同士を結合し，新たなカラムを作成する。都道府県名と都道府県コードを結合した図 3.8 を作成する。文字列の結合は「+」で実施できる。可読性を高めるために，都道府県コードと都道府県名の間に「_」を入れるようにする。カラムとカラムの間に文字を入れる場合は，クォーテーションで追加することができる。コード 3.14 のように記述する。

	企業管理コード	従業員数	所在地_市区郡コード	所在地_都道府県名	決算期年	売上高_百万円	所在地_都道府県コード	所在地_都道府県
0	A00115478	102	29400	奈良県	2018	337	29	29_奈良県
1	A00115478	102	29400	奈良県	2019	258	29	29_奈良県
2	A00116790	91	38201	愛媛県	2018	335	38	38_愛媛県
3	A00116790	91	38201	愛媛県	2019	315	38	38_愛媛県
4	A03112202	88	40137	福岡県	2018	271	40	40_福岡県

1034

図 3.8 文字列の結合 (df_val3)

コード 3.14　コードと名前の結合

```
1  df_val3 = df_val2.assign(所在地_都道府県 =
2    df_val2['所在地_都道府県コード'] + '_' + df_val2['所在地_都道府県名'])
```

3.3.3　文 字 の 置 換

　文字列の操作として，文字列の置換を行う。従業員数を計算に利用するために，従業員数にあるハイフン (-) を 0 に置き換えて，数値列に変換する処理を実施する。文字の置換は replace() を用いて，コード 3.15 のように処理する。

コード 3.15　文字列の置換

```
1  df_val4 = df_val3.copy()
2  df_val4['従業員数_int'] = df_val4['従業員数'].replace('-', '0').
     astype(np.int64)
3  df_val4['従業員数_int'].dtype # 処理結果：dtype('int64')
```

3.3.4　四則演算と小数点以下の処理

　数値の操作として，四則演算と四捨五入を紹介する。企業情報において，売上高を従業員数で割ることで簡易的な企業の生産性を求めることができる。売上高を従業員数で割る生産性のカラムを作成した図 3.9 となることを目指す。

	企業管理コード	従業員数	所在地_市区郡コード	所在地_都道府県名	決算期年	売上高_百万円	所在地_都道府県コード	所在地_都道府県	従業員数_int	生産性指標
0	A00115478	102	29400	奈良県	2018	337	29	29_奈良県	102	3.3039
1	A00115478	102	29400	奈良県	2019	258	29	29_奈良県	102	2.5294
2	A00116790	91	38201	愛媛県	2018	335	38	38_愛媛県	91	3.6813
3	A00116790	91	38201	愛媛県	2019	315	38	38_愛媛県	91	3.4615
4	A03112202	88	40137	福岡県	2018	271	40	40_福岡県	88	3.0795

1034

図 3.9　数値演算 (df_val5)

　Python での四則演算は，他のプログラミング言語と同様に，加算 (+)，減算 (-)，乗算 (*)，除算 (/)，カッコ ( ) などを組み合わせて計算が可能である。売上高を従業員数で除算した企業生産性指標はコード 3.16 のように処理する。

コード 3.16　生産性指標の算出

```
1  df_val5 = df_val4.assign(生産性指標 = round(df_val4['売上高_百万円'] /
     (df_val4['従業員数_int'])), 4))
```

　除算は，小数点が無限に続くことが多く，計算誤差を生み出しやすく，メモリフローをひっ迫させる原因にもなる。その対策として，ここでは計算結果を小数

点 5 桁で四捨五入を実施する。小数点の取り扱いは，四捨五入を示す round()
がよく用いられるが，ほかに，切り捨て math.floor()，切り上げ math.ceil()，
0 に近い方への丸め処理 int() などがある。

3.4 レコード操作

　レコード操作とは，行方向に DataFrame を変更していく操作のことで，例えば，
DataFrame の並び替えや必要なレコードの抽出などを行う。また，DataFrame
で扱いにくい異なるレコード間の操作についても紹介する。
　この節での利用データを読み込むため，コード 3.17 を実施する。

コード 3.17　3.4 節の準備
```
1  df_rec1 = pd.read_csv('./in/3_company_data.csv', dtype = {'所在地
    _市区郡コード':'object'})
```

データは図 3.10 となる。

	企業管理コード	所在地_都道府県	従業員数	決算期年	売上高_百万円	売上高利益率
0	A08179573	01_北海道	167	2018	306	-0.0001
1	A08179573	NaN	167	2019	302	0.0021
2	A08507655	NaN	0	2018	270	0.0040
3	A08507655	NaN	0	2019	278	0.0026
4	A08514558	NaN	235	2018	332	0.0031

1084

図 3.10　3.4 節利用データ (df_rec1)

3.4.1　前のレコードの情報を保持
　読み込んだデータ (df_rec1) では，「所在地_都道府県」の最初の 1 レコード
しか都道府県が記載されておらず，2 レコード以降は NaN が続いている。この
ように，可読性を高めるため，また，容量を少なくするために，同じレコード
を繰り返すのではなく，区分が始まる最も上位のレコードのみ記載するデータ
はオープンデータにおいても多く存在している。しかしながら，分析を行うた
めのデータとしては不完全であり，並び換えを行ってしまい，Index 変数をリ
セットしてしまうと，情報を復元できないため，補完する必要がある。都道府
県名を補完した図 3.11 となることを目指す。
　fillna() は pandas における null 値を置き換えるメソッドで method='ffill'

	企業管理コード	所在地_都道府県	従業員数	決算期年	売上高_百万円	売上高利益率	所在地_都道府県_補完
0	A08179573	01_北海道	167	2018	306	-0.0001	01_北海道
1	A08179573	NaN	167	2019	302	0.0021	01_北海道
2	A08507655	NaN	0	2018	270	0.0040	01_北海道
3	A08507655	NaN	0	2019	278	0.0026	01_北海道
4	A08514558	NaN	235	2018	332	0.0031	01_北海道

1084

図 3.11 都道府県レコードの補完 (df_rec2)

を指定することで，直前の値に置き換えることができ，コード 3.18 のように処理する。

コード 3.18 直前の値で null を埋める

```
1   df_rec2 = df_rec1.copy()
2   df_rec2['所在地_都道府県_補完'] = df_rec2['所在地_都道府県']
3    .fillna( #null を置き換える指示
4   method='ffill') #直前の値で置き換える
```

3.4.2 レコードの並び替え

企業管理コード，決算期年の 2 つの変数を昇順で並び変えを行い，図 3.12 となることを目指す。

	企業管理コード	所在地_都道府県	従業員数	決算期年	売上高_百万円	売上高利益率	所在地_都道府県_補完
802	A00115478	29_奈良県	102	2018	337	0.0024	29_奈良県
803	A00115478	NaN	102	2019	258	0.0045	29_奈良県
920	A00116790	38_愛媛県	91	2018	335	0.0034	38_愛媛県
921	A00116790	NaN	91	2019	315	0.0052	38_愛媛県
936	A03112202	40_福岡県	88	2018	271	0.0045	40_福岡県

1084

図 3.12 DataFrame の並び替え (df_rec3)

DataFrame の並び替えは sort_values を用いて，コード 3.19 のように処理する。

コード 3.19 DataFrame の並び替え

```
1   df_rec3 = df_rec2.sort_values( ['企業管理コード', '決算期年'],
    ascending = [True,True]) #昇順・降順指定
```

最初の引数に並び替える変数を指定しているが，複数であっても指定が可能であり，並び替えの優先順位は先に記載している変数の方が高い。また，ascending で並びを昇順 (True) か降順 (False) かを選択でき，指定なしの場合は昇順となる。

3.4.3 レコードの重複削除

　企業管理コードと決算期で並び替えを行ったところ，同じレコードの存在，つまり，レコードの重複が確認される。そもそも，ユニークとなる変数において重複が存在しているケースは，元のデータに重複が存在していたことや前処理過程で認識できていないデータの特徴が悪さをしていることなどが原因であることが多く，改めてその重複を引き起こす原因を確認することを強く勧める。ここでは，重複しているレコードの削除を行った図 3.13 となることを目指す。

	企業管理コード	所在地_都道府県	従業員数	決算期年	売上高_百万円	売上高利益率	所在地_都道府県_補完
802	A00115478	29_奈良県	102	2018	337	0.0024	29_奈良県
803	A00115478	NaN	102	2019	258	0.0045	29_奈良県
920	A00116790	38_愛媛県	91	2018	335	0.0034	38_愛媛県
921	A00116790	NaN	91	2019	315	0.0052	38_愛媛県
936	A03112202	40_福岡県	88	2018	271	0.0045	40_福岡県

1034

図 3.13　重複削除 (df_rec4)

　レコードの重複削除は duplicated() を用いて，コード 3.20 のように処理する。

コード 3.20　レコードの重複削除

```
1  df_rec4 = df_rec3[ ~df_rec3[['企業管理コード', '決算期年']].duplicated
       ()]
```

　duplicated() は重複している箇所に True を返すモジュールである。DataFrame の中で重複削除したい変数を指定して重複を判別している。今回残したいレコードは重複していない False の部分であるため，逆の指示を示す「~」を入れる。なお，重複を削除する変数でのソートは必須ではないが，処理後の確認を効率的かつ効果的に実施するために推奨する処理である。また，重複削除によって残るレコードは最も上位のレコードである。

3.4.4 行間の演算処理

　行間の演算処理を用いて，企業管理コードごとに 2018 年と 2019 年の売上比較を 3 つの観点から行う。1 つ目は，前行との差分を計算する前年差 (2019 年 − 2018 年) である。2 つ目は，前年との変化量 ((2019 年 − 2018 年)/2018 年)，そして 3 つ目は，それを元にした前年比である。図 3.14 での処理結果では，これら 3 つの項目が追加されている。

	企業管理コード	所在地_都道府県	従業員数	決算年	売上高_百万円	売上高利益率	所在地_都道府県_補完	売上高前年差_百万円	売上高前年変化量	売上高前年比パーセント
802	A00115478	29_奈良県	102	2018	337	0.0024	29_奈良県	NaN	NaN	NaN
803	A00115478	NaN	102	2019	258	0.0045	29_奈良県	-79.0	-0.234421	76.557864
920	A00116790	38_愛媛県	91	2018	335	0.0034	38_愛媛県	NaN	NaN	NaN
921	A00116790	NaN	91	2019	315	0.0052	38_愛媛県	-20.0	-0.059701	94.029851
936	A03112202	40_福岡県	88	2018	271	0.0045	40_福岡県	NaN	NaN	NaN

1034

図 3.14 行間演算結果

　これらを計算するコードをコード 3.21 に示す。groupby() と diff() で企業管理コードごとに，前年との売上高の差分を計算している。

コード 3.21 前行との差分を計算する

```
1  df_rec5 = df_rec4.copy()
2  # 企業管理コードごとに前年差の計算
3  df_rec5['売上高前年差_百万円'] = df_rec5.groupby(['企業管理コード'])['売
     上高_百万円'].diff()
4  # 企業管理コードごとに変化量の計算 (b-a)/a
5  df_rec5['売上高前年変化量'] = df_rec5.groupby(['企業管理コード'])['売上
     高_百万円'].pct_change()
6  df_rec5['売上高前年比パーセント'] = (df_rec5['売上高前年変化量']+1)*100
```

　図 3.14 の出力結果で前年比を確認すると NaN と表示されている行がある。これは企業ごとに 1 行前の差分を計算しているため，各企業の先頭行には，1 行前の値がないため NaN になっている。

　変化量の計算は，pct_change() メソッドを利用することで計算ができる。この値は，前行に対する差分の割合を示したもので，このデータの場合は 2018 年の売上からどの程度増減したかを示している。図 3.14 の出力結果 4 行目の「売上高前年変化量」値は，約 −0.06 で，これは 2018 年の「売上高」335 に比べて 2019 年は 6%減少していることを示している。

　「売上高前年比パーセント」は，変化量の値を利用して前年比の値を計算している。100 より大きければ，前年よりも大きな値になっていることを示している。

3.4.5 レコードの選択

　企業情報において，東京都，神奈川県，千葉県，埼玉県のいずれかに所在し，決算年が 2019 年で，売上高利益率が 0.5%以上となる企業を選択した DataFrame である図 3.15 を作成する。

　レコードの選択は，設定条件の違いによって間違いが発生しやすいため，は

	企業管理コード	所在地_都道府県	従業員数	決算期年	売上高_百万円	売上高利益率	所在地_都道府県_補完
177	A11123355	NaN	254	2019	324	0.0063	11_埼玉県
265	A30933509	NaN	45	2019	298	0.0051	13_東京都
279	A32543083	NaN	153	2019	288	0.0077	13_東京都
283	A32654740	NaN	104	2019	256	0.0058	13_東京都
287	A32790644	NaN	161	2019	251	0.0075	13_東京都

24

図 3.15 部分抽出 (df_rec6_2)

じめは，抽出処理をひとつひとつ分けて記述し，DataFrame を確認しながら進めていくことを推奨する。はじめに地域を指定するが，複数の文字列指定を行う場合，isin() を用いると効率的である。コード 3.22 のように処理する。

コード 3.22 首都圏の企業の抽出

```
1  df_rec6_1 = df_rec4[df_rec4['所在地_都道府県_補完'].isin (['11_埼玉県',
       '12_千葉県', '13_東京都', '14_神奈川県'])]
```

次に，2 つの抽出条件を 1 つの命令で記述する方法を紹介するために，決算期年が 2019 年で，かつ，売上高利益率が 0.5%以上となる企業を抽出する。2 つの条件のどちらも満たすので，かつ (and) を意味する「&」を利用し，コード 3.23 のように処理する。

コード 3.23 2019 年かつ売上高利益率 0.5%以上の企業の抽出

```
1  df_rec6_2 = df_rec6_1[(df_rec6_1['売上高利益率'] >= 0.005) & (
       df_rec6_1['決算期年'] == 2019)]
```

今回は，どちらの条件にも合致した場合を選択したが，いずれかの条件を満たすレコードを抽出する場合には「|」を用いる。

文字列を操作している場合に，完全一致ではなく部分一致したレコードを抽出することも発生する。その場合には，str.contains() を用いるのがよい。コード 3.24 は，都道府県所在地に「川」を含んだ企業の抽出処理を行っている。

コード 3.24 都道府県所在地に川を含んだ企業の抽出

```
1  df_rec7 = df_rec4[df_rec4['所在地_都道府県_補完'].str.contains('川')]
```

3.4.6 レコードの集計

df_rec4 に対して，決算期を 2019 年に限定し，売上高の累積値を計算した「累計売上高」カラムを含んだ図 3.16 を作成する。

DataFrame に集計カラムを追加するには cumsum() を利用し，コード 3.25 のように処理する。

	企業管理コード	所在地_都道府県	従業員数	決算期年	売上高_百万円	売上高利益率	所在地_都道府県_補完	累計売上高
803	A00115478	NaN	102	2019	258	0.0045	29_奈良県	258
921	A00116790	NaN	91	2019	315	0.0052	38_愛媛県	573
937	A03112202	NaN	88	2019	292	0.0039	40_福岡県	865
693	A04122570	NaN	103	2019	397	0.0033	27_大阪府	1262
241	A04122803	NaN	53	2019	308	0.0025	13_東京都	1570

517

図 3.16　縦方向に累積 (df_rec8_2)

コード 3.25　レコードの累積処理

```
1   df_rec8_1 = df_rec4[df_rec4['決算期年'] == 2019]
2   df_rec8_2 = df_rec8_1.assign(累計売上高 = df_rec8_1['売上高_百万円']  #
      累積する変数を指定
3     .cumsum()) #累積処理の指示
```

DataFrame から累積計算する列を切り出すことで，それは Series 型のデータになり，そこに cumsum() メソッドを適用すれば累計計算された Series が得られる。

3.4.7　条件による置換

集計表の作成のために連続値から区分を作成する場合には，条件による置換を行う。ここでは，従業員数が 0 名・未詳，50 名，100 名，300 名を基準に区分のカラムを含んだ図 3.17 を作成する。

	企業管理コード	所在地_都道府県	従業員数	決算期年	売上高_百万円	売上高利益率	所在地_都道府県_補完	累計売上高	従業員区分
803	A00115478	NaN	102	2019	258	0.0045	29_奈良県	258	4_101名～300名
921	A00116790	NaN	91	2019	315	0.0052	38_愛媛県	573	3_51名～100名
937	A03112202	NaN	88	2019	292	0.0039	40_福岡県	865	3_51名～100名
693	A04122570	NaN	103	2019	397	0.0033	27_大阪府	1262	4_101名～300名
241	A04122803	NaN	53	2019	308	0.0025	13_東京都	1570	3_51名～100名

517

図 3.17　条件分岐 (df_rec9)

DataFrame の条件による置換は np.where() を用いられ，コード 3.26 のように処理する。

コード 3.26　従業員数の区分作成

```
1   df_rec9=df_rec8_2.copy()
2   df_rec9['従業員区分'] =
3   np.where((df_rec9['従業員数'] == 0), '1_0 名 or 未詳',
4    np.where((df_rec9['従業員数'] <= 50), '2_1 名～50 名',
5     np.where((df_rec9['従業員数'] <= 100), '3_51 名～100 名',
```

```
6    np.where((df_rec9['従業員数'] <= 300), '4_101名～300名',
7    '5_300名超'))))
```

np.where() は，引数として，最初に条件，次に条件合致の場合の値，最後に条件に当てはまらない場合の値を入力する。今回は，複数の区分を作成する必要があり，入れ子構造とするために，3つ目の引数に新たな np.where() を入れている。

従業員区分の最初に 1～4 という数字を割り振っているが，これは集計や並び替えを行った際の順番を制御するためのものである。集計した際のデータの可読性を高めるための工夫である。

3.4.8 ランキングの付与

連続変数で順序されたデータに対して順位を付け，相関分析の実施や，可視化表現した際のデータの可読性を高めるために，ランキング付与を行うことがある。

売上高利益率が 0.5% 以上にした df_rec9 に対して，都道府県・従業員区分別の売上高利益率のランキングを付与した図 3.18 を目指す。

	企業管理コード	所在地_都道府県	従業員数	決算期年	売上高_百万円	売上高利益率	所在地_都道府県_補完	累計売上高	従業員区分	都道府県従業員別売上高利益率ランキング
33	A48982614	NaN	0	2019	253	0.0032	01_北海道	77948	1_0名or未詳	1.0
3	A08507655	NaN	0	2019	278	0.0026	01_北海道	6808	1_0名or未詳	2.0
15	A28144276	NaN	0	2019	311	-0.0009	01_北海道	31208	1_0名or未詳	3.0
35	A56231550	NaN	45	2019	287	0.0050	01_北海道	83445	2_1名～50名以下	1.0
27	A42128109	NaN	31	2019	332	0.0034	01_北海道	67462	2_1名～50名以下	2.0

517

図 3.18　ランキング付与 (df_rec10)

ランキングは rank() を用いることで実施できるが，グループ別にランキングを付与する場合はコード 3.27 のように処理する。

コード 3.27　区分別ランキングの付与

```
1    df_rec9 = df_rec9.sort_values(['決算期年', '所在地_都道府県_補完', '従業
         員区分', '売上高利益率'], ascending = [True, True, True, False])
2    df_rec10 = df_rec9.assign(都道府県従業員別売上高利益率ランキング=df_rec9
         .groupby(['所在地_都道府県_補完', '従業員区分']) ['売上高利益率'].
         rank(method='min', ascending=False))
```

groupby() でグループ分けする変数を指定し，次にランキングを付与する

変数を指定し rank() でランキングを付与する。ランキングを付与するのに DataFrame を並び替える必要はないが，ここでは，可読性を高めるために，並び替えを行ってから，ランキングを付与している。

rank() のオプションには，ランキングする値が同一だった場合に順位をどう付与するかを決定する method と，変数の並び順を指定する ascending がある。method には，min, max, average, first とあるが，通常は min を指定すればよい。挙動の違いをまとめたのが図 3.19 である。ascending は，利益率を降順でランキングするため False を指定する。

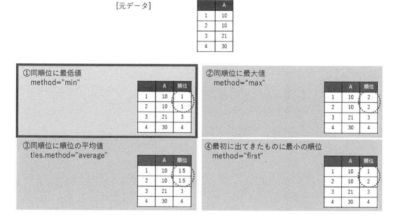

図 3.19 rank の method による挙動の違い

3.5 結合処理/集計処理

読み込んだ DataFrame 同士の結合や DataFrame のグループ集計を紹介していく。

この節での利用データ読み込みのため，コード 3.28 を実施する。

コード 3.28 3.5 節の準備

```
1  df_sale1_1 = pd.read_csv('./in/4_company_sales_data1.csv')
2  df_sale1_2 = pd.read_csv('./in/4_company_sales_data2.csv')
3  df_info = pd.read_csv('./in/4_company_attri_data.csv')
```

各データは図 3.20 となる。

df_sale1_1

	企業管理コード	決算期年	売上高_百万円	利益_千円
0	A00115478	2018	337	818
1	A00115478	2019	258	1158
2	A00116790	2018	335	1133
3	A00116790	2019	315	1650
4	A03112202	2018	271	1211

600

df_info

	企業管理コード	所在地_都道府県	資本金_千円	従業員数
0	A01132330	34_広島県	913	378
1	A03112202	40_福岡県	970	88
2	A03124920	24_三重県	902	148
3	A04113912	40_福岡県	1127	72
4	A04116769	13_東京都	1037	114

1000

df_sale1_2

	企業管理コード	決算期年	売上高_百万円	利益_千円
0	A03112202	2018	271	1211
1	A03112202	2019	292	1140
2	A04122803	2018	289	1434
3	A04122803	2019	308	769
4	A04122913	2018	348	1355

600

図 3.20　左：企業業績情報_1・2, 右：企業属性情報

3.5.1　縦　結　合

企業業績に関する DataFrame が 2 つ存在しているが，それを縦に結合し 1 つの DataFrame とした図 3.21 となることを目指す。

	企業管理コード	決算期年	売上高_百万円	利益_千円
0	A00115478	2018	337	818
1	A00115478	2019	258	1158
2	A00116790	2018	335	1133
3	A00116790	2019	315	1650
4	A03112202	2018	271	1211

1034

図 3.21　縦結合 (df_sale2_3)

読み込んだ 2 つのデータを縦に結合するには pd.concat() を用いて，コード 3.29 のように処理する。

コード 3.29　縦結合

```
1   df_sale2_1 = pd.concat([df_sale1_1, df_sale1_2], axis = 0)
```

concat() は concatenate (鎖状につなぐ，連結する，の意) が由来で，pd.concat() の引数は連結したい DataFrame のリストとなる。axis=0 で縦方向への結合を指定しており，デフォルトの設定でもあるため明示する必要はないが，ここではより明確にするために指定している。axis=1 で横方向の結合を指示することができるが，別々の DataFrame をそのまま横に結合するだけである。横結合の処理を必要とするほとんどの場合では，共通のキーとなる変数に対して結合を行うため，merge() などの別の方法を推奨する。

　しかしながら，DataFrame を縦結合しただけでは，レコードの重複が存在している可能性がある。そのため，縦結合の処理後に重複有無の確認を推奨し，コード 3.30 を実施する。

コード 3.30　縦結合後の推奨処理

```
1   #並び替え
2   df_sale2_2 = df_sale2_1.sort_values(['企業管理コード', '決算期年'],
        ascending = [True, True])
3   # レコードの重複削除
4   df_sale2_3 = df_sale2_2[~df_sale2_2[['企業管理コード', '決算期年']].
        duplicated()]
```

　リストにファイル情報を格納することで，ファイルを一括で結合できる。リストを活用し読み込みから縦結合を一括で行うコード 3.31 を紹介する。

コード 3.31　リストを用いた一括読み込み処理

```
1   all_csv_files2 = [file for file in glob(os.path.join(root_in, '*
        _sales_*.csv'))]
2   df1_ap = [] #先にデータを入れる箱となる空のリストを作成しておく
3   for file in all_csv_files2:
4    df1 = pd.read_csv(file)
5    df1_ap.append(df1)
6   #df に格納したデータを lists に格納し，繰り返し処理の結果を累積
7   df_sale2_1 = pd.concat(df1_ap, axis = 0, sort = False)
```

3.5.2　横　　結　　合

　データの横結合は，2 つの DataFrame を紐付けるキー変数に基づいて，データのカラムを追加していく処理である。横結合は，マージとも呼ばれている。データ分析を行う際に，異なるデータを共通した変数で結合することは非常に多く出現するため，重要なスキルである。

　ここでは，企業の業績情報と属性情報を，企業管理コードをキーにして横結合を行った図 3.22 の作成を目指す。

	企業管理コード	所在地_都道府県	資本金_千円	従業員数	決算期年	売上高_百万円	利益_千円
0	A03112202	40_福岡県	970	88	2018	271	1211
1	A03112202	40_福岡県	970	88	2019	292	1140
2	A04122570	27_大阪府	1158	103	2018	263	1404
3	A04122570	27_大阪府	1158	103	2019	397	1291
4	A04122803	13_東京都	930	53	2018	289	1434

1034

図 3.22　横結合の処理結果

マージは merge() メソッドによって実現でき，コード 3.32 のように処理する。

コード 3.32　データの横結合

```
1  df_mer1 = pd.merge(df_info, df_sale2_3, on = '企業管理コード', how = '
       inner')
```

ここでは，2 つの DataFrame におけるキー変数の変数名が同一であっ
たため，on=として指定することができたが，DataFrame のそれぞれで変
数名が異なる場合は，変数名を事前に変更するか，オプションを left_on
='変数 1'，right_on='変数 2'にすることで実施可能である。

また，merge のオプションとして，横結合した後に保持されるレコードを指
定することができる。ここではどちらにも出現するレコードを保持するという
処理を実施するために inner となる。他には，最初に出てきた DataFrame を
すべて保持する left，2 番目に出てきた DataFrame をすべて保持する right，
どちらかに出現するレコードを保持する outer がある。

3.5.3　横構造から縦構造への変換

DataFrame の構造を横から縦に変換する。時系列解析などを実施する際など
に利用することが多い処理である。

企業管理コード・決算期年ごとに売上高と利益を縦方向に長いデータとした
図 3.23 を作成する。

	企業管理コード	決算期年	variable	Value
0	A03112202	2018	売上高_百万円	271
1	A03112202	2019	売上高_百万円	292
2	A04122570	2018	売上高_百万円	263
3	A04122570	2019	売上高_百万円	397
4	A04122803	2018	売上高_百万円	289

2068

図 3.23　横から縦の変換 (df_mer1_1)

データ構造を横から縦に変換するには melt() を用いて，コード 3.33 のよう
に処理する。

コード 3.33　売上高と利益の縦構造化

```
1  df_mer1_1 = pd.melt(df_mer1, id_vars = ['企業管理コード', '決算期年'],
       value_vars = ['売上高_百万円', '利益_千円'], value_name = 'Value')
```

3.5.4 グループ集計

データの特徴を把握するために，区分ごとに基本統計量を求めることは多くある。ここでは，決算期年・所在地別に売上高の平均を求めた図 3.24 を作成する。

売上高_百万円

決算期年	所在地_都道府県	
	01_北海道	298.608696
	02_青森県	280.000000
2018	03_岩手県	304.500000
	04_宮城県	289.727273
	05_秋田県	269.500000

94

図 3.24 グループ集計 (df_mer2)

グループ集計は groupby() を用いて，コード 3.34 のように処理する。

コード 3.34 区分別の売上高の平均

```
1  df_mer2 =
   df_mer1[['決算期年', '所在地_都道府県', '売上高_百万円']].groupby(['決算
   期年', '所在地_都道府県']).mean()
```

指定したグループを集計単位として，そのグループ内のレコードの平均値を出す場合には mean() を用いる。平均以外にも代表的な統計量を計算するために次のメソッドが用意されている。

- 件数：count()
- 最大値を返す：max()
- 最小値を返す：min()
- 合計値を返す：sum()
- 中央値を返す：median()

3.5.5 クロス集計

ここではカテゴリを対象としたクロス集計を実施するために，デモデータを生成し，そのデータでクロス集計を実施する。コード 3.35 にデータ生成のためのコードを示す。

コード 3.35 データの生成

```
1  df = pd.DataFrame({'単語':pd.Categorical(['激安', '激安', '限定', '高
```

```
速', '学習', '高速', 'AI', '学習']), '文章':pd.Categorical(['D1',
'D1', 'D1', 'D1', 'D2', 'D2', 'D2', 'D2'])})
```

これは，文章とその文書内に出現する単語をイメージしたデータであり，生成された入力データを図 3.25 に示す。

	単語	文章
0	激安	D1
1	激安	D1
2	限定	D1
3	高速	D1
4	学習	D2
5	高速	D2
6	AI	D2
7	学習	D2

図 3.25　クロス集計入力データ

このデータを利用しカテゴリカルデータのクロス集計を行う。コード 3.36 に文章と単語の出現頻度を計算するコードを示す。pandas の crosstab() メソッドに引数として，行と列に集計したい項目を指定すればよい。第 1 引数に行として集計したい項目，第 2 引数に列として集計したい項目を指定する。この場合は，行に文章，列に単語を指定した。その結果を図 3.26 に示す。

コード 3.36　文章と単語のクロス集計
```
1   crs = pd.crosstab(df['文章'], df['単語'])
2   display(crs.head(10))
```

単語	AI	学習	激安	限定	高速
文章					
D1	0	0	2	1	1
D2	1	2	0	0	1

図 3.26　クロス集計の結果

次に crosstab の使い方として，小計の表示と規格化を行うコードをコード 3.37 に示す。小計を追加したい場合は margins=True を指定すればよい，その出力結果を図 3.27 の上段左に示す。デフォルトでは All という項目が追加される，この項目名を変更したい場合は，margins_name='計' で「計」に変更できる。

コード 3.37 クロス集計の小計と規格化

```
1   # 小計をAll として出力
2   crs2 = pd.crosstab(df['文章'], df['単語'], margins = True)
3   # 全体が1になるように規格化
4   crs3 = pd.crosstab(df['文章'], df['単語'], margins = True, normalize =
        'all')
5   # 行合計が1になるように規格化
6   crs4 = pd.crosstab(df['文章'], df['単語'], margins = True, normalize =
        'index')
7   # 列合計が1になるように規格化
8   crs5 = pd.crosstab(df['文章'], df['単語'], margins = True, normalize =
        'columns')
```

規格化は,「全体の合計を 1 にする」「行の合計を 1 にする」「列の合計を 1 に
する」の 3 つある。それぞれ,normalize で'all','index','columns'を指
定すればよい。それらの出力結果を図 3.27 にそれぞれ示す。右上は全体が 1 に
なるように規格化した場合で,All 行と All 列の合計が 1.0 になっていることが
確認できる。左下は行ごとに合計すると 1.0 になり,右下は,列ごとに合計す
ると 1.0 になる。

単語	AI	学習	激安	限定	高速	All
文章						
D1	0	0	2	1	1	4
D2	1	2	0	0	1	4
All	1	2	2	1	2	8

小計の追加

単語	AI	学習	激安	限定	高速	All
文章						
D1	0.000	0.00	0.25	0.125	0.125	0.5
D2	0.125	0.25	0.00	0.000	0.125	0.5
All	0.125	0.25	0.25	0.125	0.250	1.0

全体が 1 になるように規格化

単語	AI	学習	激安	限定	高速
文章					
D1	0.000	0.00	0.50	0.250	0.25
D2	0.250	0.50	0.00	0.000	0.25
All	0.125	0.25	0.25	0.125	0.25

行が 1 になるように規格化

単語	AI	学習	激安	限定	高速	All
文章						
D1	0.0	0.0	1.0	1.0	0.5	0.5
D2	1.0	1.0	0.0	0.0	0.5	0.5

列が 1 になるように規格化

図 3.27 クロス集計の小計追加と規格化

章 末 問 題

(1) サポートサイトにあるファイル「企業リスト 1.csv」「企業リスト 2.csv」「企業リ
スト 3.csv」をそれぞれ読み込み,それらを縦に結合し,企業コード昇順で重複

を除いたデータフレーム df4_ex1 を作成しなさい。

(2) df4_ex1 に，ファイル「市区町村マスタ.csv」「業種マスタ.csv」を用いて，カラ
ム「市区町村コード」「市区町村名」「日本標準産業分類_中分類コード」「日本標
準産業分類_中分類名」を付与した df4_ex2 を作成しなさい。

- 市区町村マスタとの結合キーは「帝国住所コード」，業種マスタとの結合キーは
「TDB 産業分類コード」とする。
- 日本標準産業分類の中分類コードは，日本標準産業分類の小分類コードの上 2 桁
が該当するものとする。

(3) df4_ex2 を用いて，市区町村別の売上高の合計を求めた df4_ex3_1 と，日本標
準産業分類中分類別の平均従業員数を求めた df4_ex3_2 を作成しなさい。

- df4_ex3_1 の作成条件
  - 従業員数が 0 あるいは null のレコードは除く
  - 項目：日本標準産業分類_中分類コード，日本標準産業分類_中分類名，対象企
業数，平均従業員数
  - 業種別平均従業員数は小数点第 4 位を四捨五入
- df4_ex3_2 の作成条件
  - 売上高が 0 あるいは null のレコードは除く
  - 項目：市区町村コード，市区町村名，対象企業数，売上高合計

(4) df4_ex2 に，「日本標準産業分類中分類別の平均従業員数」より従業員数が多い
企業は「01_平均超」，従業員数が少ない企業に「02_平均以下」という新たなカラ
ム「従業員数区分」を追加した df4_ex4 を作成しなさい。

(5) df4_ex4 と正解ファイルである「4 章_章末問題正解ファイル.csv」を比較し，完
全に一致するまでプログラムを修正しなさい。

Chapter 4

実践：公的統計

　この章では，実際に公開されている公的統計のデータを用いて前処理を行っていく。最初にデータに対する理解を行うことの重要性を説明し，4.2 節以降で，人口に関する公的統計を用いたデータの前処理を行っていく。3 章で紹介した表形式に対する前処理のスキルを，ストーリーベースでの前処理を追体験することで，自らの血肉としてほしい。

　また，最終的に出力されるデータの形式は，地域経済分析システム (RESAS) (https://resas.go.jp/) に搭載されている形式を参考とする。RESAS は，e-Stat などで公開されている統計調査や企業が保有するビッグデータを用いて地域の見える化を行うためのツールである。可視化を行うための，つまり，他の処理システムに読み込ませるためのデータ作成をここでは行っていく。

4.1　前処理はデータの理解からはじめる

　最初に，公的統計などを例に挙げてデータ特性の理解の重要性を説明していく。

4.1.1　統計調査を理解する
　統計を実施主体の観点で分類すると，公的統計と民間統計の 2 つに分けることができる。

■ 公的統計とは　　国の行政機関や地方自治体が作成する統計のことを公的統計と言う。公的統計は，社会全体で利用される情報基盤と位置付けられており，e-Stat (政府統計の総合窓口) などを通じて公開され，広く利用されている。e-Stat では，2020 年 1 月時点で，17 分野に関する 612 種類の統計調査の結果が公表されている。

　日本は，統計調査活動を複数の行政機関においてそれぞれ独立して実施する「分散型」の統計機構である。分散型の統計機構は行政ニーズに迅速かつ的確に

対応できるというメリットがある反面，統計の相互比較が軽視されやすい点や，統計体系上の欠落を招きやすいというデメリットもあると言われている。それぞれの統計を作成する主管が異なることにより，統計調査そのものの仕様や統計データの仕様が異なることは往々にしてある。統計データを利用する観点からすると，それらの仕様を正しく理解することがデータ前処理における第一歩とも言える。前処理の対象となるデータの特徴を把握できていないまま前処理を行ってしまうと，誤った結果が得られたり，誤った解釈をしてしまう危険性を孕んでいる。

■ **民間統計とは**   民間統計とは，民間企業や業界団体，研究機関等が作成する統計のことである。民間統計は，公的統計では扱わない分野の調査や細かい調査項目が含まれているなどの点で有用性がある一方，必ずしも公的統計のように調査の仕様に関する情報が開示されているとは限らない。また，調査方法や調査対象に関する情報が公開されていなかったり，有効回答数が著しく少ない場合もある。民間統計データを扱う際には，そもそもビジネスや研究目的の利用に耐えうるデータであるかを判断するためにも，統計情報について入念に確認することを推奨する。

■ **統計調査について確認すべき 6 つのポイント**   公的統計・民間統計問わず，初めて扱う統計については以下のポイントを中心に情報を整理するとよい。

1) 調査の主管・統計の作成主体
   - どこが (誰が) 作った統計なのか
   - 情報源として信頼性はあるか
2) 調査目的の理解
   - 何を明らかにすることを目的として作成された統計なのか
3) 調査対象の把握
   - 全数調査なのか標本調査なのか
   - 標本調査の場合，どのように標本を抽出しているのか
     - 例：単純無作為抽出法，多段抽出法，層別抽出法，クラスター抽出法など
   - 調査対象の数はどれくらいか
   - 有効回答数および回答率はどれくらいか
4) 集計単位の把握
   - 公表されている集計結果は，どのような粒度で利用可能なのか

　　　– 例：都道府県単位，市区町村単位，年齢階級別，性別，産業分類別など

5）調査周期の把握

- どれくらいの間隔で実施されている調査なのか
  - 例：5 年ごと，1 年ごと，四半期ごと，月ごとなど
- 利用可能な最新の調査はいつ時点か
- 過年度も利用可能な場合，いつ時点まで遡ることが可能か
- 結果の公表までどれくらいの時間を要するのか

6）取得可能項目の把握

- どのような項目が使用可能か
- 各項目においてどのようなデータが格納されているか
- データが欠損となっているレコードがどれくらいあるか
- 「-」や「x (秘匿)」など数値以外の特殊なデータは存在するか

4.1.2　仕様の確認不足でハマる罠

　2020 年 8 月時点で公開されている統計調査の中で，実際に調査仕様が変更となったことで，注意が必要な事例を紹介する。

■ **調査仕様の変更による罠**　　調査の仕様を確認することがいかに重要であるか，事業所・企業統計調査と経済センサスを例に挙げて説明する。

　事業所・企業統計調査および経済センサスは，いずれも我が国における事業所や企業の基本的構造を明らかにすることを目的とした調査である。事業所・企業統計調査は平成 18 年を最後に経済センサスに統合され，経済センサスは平成 21 年より開始となっている。両統計において企業数や事業所数といった基礎項目が集計結果として公表されているが，注意すべきは「事業所・企業統計調査と経済センサスは連続性のある調査と言えるのか」という点である。経済センサスが開始となった平成 21 年経済センサス (基礎調査) の利用上の注意を確認すると，「調査手法が以下の点において異なることから，平成 18 年事業所・企業統計調査との差数が全て増加・減少を示すものではありません。…国においては統計表の時系列比較を行っておりません。その点を十分にご留意願います。」と明記されている。しかしながら，両統計を連続的に使用し，実態としては減少傾向にある事業所数について，2006 年から 2009 年にかけて増加に転じていると解釈しているずさんな分析レポートなども存在する。このように，調査の仕様を正しく把握していないと，誤った使い方や誤った解釈をしてしま

うことがある。特に e-Stat には「利用上の注意」という項目が存在するので，実際にデータに触れる前に必ず目を通す習慣を付けるべきである。調査項目の定義なども含め，分析する上で重要な情報が記載されていることが多くあるため必読の項目と言える。

■ **類似の統計調査に潜む罠**　　管轄省庁が同一の統計調査でも，調査によって仕様は異なる。類似した統計調査である場合は，より慎重に調査の仕様や定義を理解する必要がある。

表 4.1 は，厚生労働省が実施している賃金に関する基幹統計である「毎月勤労統計調査」と「賃金構造基本統計調査」を例にして，仕様の違いを比較している。

表 4.1　賃金に関する 2 つの異なる統計の仕様比較

定義の違い	毎月勤労統計調査	賃金構造基本統計調査
管轄省庁	厚生労働省	厚生労働省
調査目的	賃金，労働時間及び雇用の毎月の変動を把握すること	賃金構造の実態を詳細に把握すること
調査方法	事業所への調査	事業所及び個人への調査
調査対象	事業所規模 5 名以上	事業所規模 10 名以上
対象事業所	3 万 3000 事業所	6 万 6000 事業所
フルタイム労働者月間賃金	42 万 9864 円	30 万 4000 円
賃金の定義	ボーナスや残業代を「含む」(現金給与総額)	ボーナスや残業代は「除く」(所定内給与額)
比較時点	2015 年 6 月	2015 年 6 月
出典	全国調査結果原表 (確報) 現金給与額 (総額) 調査産業計	(男女計) 第 1 表性別賃金，対前年増減率及び男女間賃金格差の推移
主な用途	労働者全体の賃金の水準や増減の状況をみるとき	賃金の分布や，男女，年齢，勤続年数，学歴などの属性別に賃金をみるとき
備考	回答者の負担軽減のため，個人ではなく事業所の状況を調査	個人調査も行う大規模調査で年に 1 回，毎年 6 月に調査

調査対象となる事業所の規模やボーナス・残業代を含むかどうかの賃金の定義など，単純に比較できないことが，仕様から読み解くことができる。

■ **データの中身の潜む罠**　　表 4.2 は，国土交通省が公表している「土地総合情報システム　不動産取引価格情報ダウンロード」より取得した，2019 年第 3四半期のデータである (一部カラムのみ抜粋)。

「最寄駅：距離 (分)」というカラムを見てみると，単位が「分」で統一された数値データが格納されていることが想定されるが，実際に格納されているデー

表 4.2 不動産取引価格情報データ

都道府県名	市区町村名	地区名	最寄駅：距離 (分)	面積 (m²)	築年数
東京都	八王子市	旭町	1	70	平成 30 年
東京都	八王子市	高倉町	6	2000 m² 以上	昭和 64 年
東京都	八王子市	明神町	12	55	昭和 51 年
東京都	八王子市	川口町	1 H 30〜2 H	155	令和 2 年
東京都	八王子市	みつい台	30 分〜60 分	210	平成 31 年

タを確認すると「30 分〜60 分」「1 H 30〜2 H」などの文字を含むデータが存在することがわかる。「面積 (m²)」についても同様に，数値データだけではなく「m² 以上」という文字列を含むデータが存在している。このように，カラム名と実際に格納されているデータが一致していないケースもあるため，データの中身をよく確認することが重要である。文字が含まれているにもかかわらず，データ型を数値として扱って読み込みを行うと，「30 分〜60 分」や「2000 m² 以上」のデータが欠損として扱われてしまう。

また，「建築年」を見てみると，昭和・平成・令和という和暦が混在しており，建築年が西暦で統一されている訳ではないことがわかる。同様の例として，金額を表すカラムの中に千円・百万円・億円など複数の単位のデータが混在しているケースなどが挙げられる。先ほどの例と同様に，カラム名からデータの中身を類推するだけではなく，実際に格納されているデータをていねいに確認する姿勢が重要である。

4.2 人口に関する公的統計を用いた前処理の設計

では，ここからは，実際に人口に関するデータを利用した前処理を行っていく。

今日の日本では人口減少が問題になっている。厚生労働省が発表した 2019 年の人口動態統計の年間推計では，日本人の国内出生数は 86 万 4 千人，前年比で 5.92%減と急減し，少子化が進み，人口減少が加速している状況である。自治体にとって人口減少は，働き手の減少，税収の減少など財政に直結する大きな問題であり，人口動態などの調査結果から自地域の出生率や死亡率などを算出し理解することは必須である。

そこで，本節で取り上げる分析テーマは，市区町村における人口推移と出生率・死亡率の連続した 10 年分を算出し，「可視化システムに取り込むことのできるデータの作成」をテーマとして取り上げ，データの前処理を実践していく。

本節では，分析目的に沿った前処理の設計を行う。最初に前処理の設計を行うことで，必要な処理の過不足の確認，効率的な処理の順序などを考えることができる。また，前処理をしながら事前の調査では気付けていないポイントが出現するため，前処理のプロセスを適宜修正しながらデータを作成していくことが可能となる。

4.2.1 統計調査の仕様把握

2020年3月時点の e-Stat においては，「人口・世帯」で検索を行うと，21調査が出現する。その中でも地域に居住している人口については「国勢調査」「住民基本台帳に基づく人口」を利用することが多い。

人口に関する統計調査は複数存在する。2021年1月時点の e-Stat においては，「人口・世帯」の分野にカテゴリ分けされる統計は21種類ある。主要なものとしては，5年に1度実施される国勢調査のほか，人口推計，住民基本台帳移動人口報告や人口動態統計調査などが挙げられる。個々の統計調査にはそれぞれ明らかにしたい目的が設定されており，類似項目でも定義が異なることがある。

4.3節では，異なるデータを組み合わせる上で必要なデータの前処理を紹介するために，あえて総人口のデータは「住民基本台帳」を，出生・死亡数は「人口動態統計」を出典とする。それでは，2つの調査について調べ，それぞれの特徴を把握していこう。

■ **統計調査を確認する際の観点と方法**　　同一の統計調査であっても，すべての時点で仕様が同一であるとは限らない。時代のニーズを反映し，日々統計のあり方も見直し・改善が図られていく中では仕様変更は必然的に発生し得るものである。次のリストは，公的統計を利用する際の確認ポイントである。

- 「利用上の注意」あるいは仕様に関連する情報を探し，入念に読み込む
- 取得した (ダウンロードした) データの「ファイル名」や「ファイル容量」に注目する
  - ある年を境に変化がないか
  - ある年だけ傾向が違うものはないか
- 実際に各ファイルを開いて確認する
  - 市区町村コード (5桁) ではなく団体コード (6桁) になっている
  - 数値が桁区切りで入力されている

　　　　＊桁区切りがあることで文字列として扱われる

　　　　＊文字列のままだと四則演算ができない

　　－ 都道府県コードが含まれていない

　　－「郡名＋町名」「郡名＋村名」が同一のセルに格納されている

　　－ 都道府県合計のレコードが含まれている

　　－ 郡部合計のレコードが含まれている

　　－ 2013 年以降カラムが増えている

■ 住民基本台帳　　この観点に基づき，「住民基本台帳に基づく人口，人口動態及び世帯数」について，2009〜2018 年の期間での仕様について確認していくと，次のようになる。

- 原則，日本における日本人を集計の対象としている
  - 2013 年データから「外国人住民」の区分が追加されている
  - 2012 年から 2013 年にかけてファイルのサイズが増加していることからも項目の追加は類推可能
- 調査期間の変更
  - 2014 年調査から，調査期間が 1 月 1 日〜12 月 31 日に変更になっている
  - 2013 年以前の調査では，調査期間は 4 月 1 日〜3 月 31 日
- ファイル名
  - 2012 年までは sjin，2013 年以降は nsjin
    - ＊ sjin：総数 × 市区町村別人口
    - ＊ nsjin：日本 × 市区町村別人口
    - ＊ gsjin：外国人 × 市区町村別人口
  - 2013 年以降も sjin をダウンロードした場合，2013 年から外国人を含んだ値となるため，定義の連続性が途絶えてしまう点に注意

また，次のような仕様を確認していて気になったことがあれば，備忘としてまとめておくことを勧める。

- 東日本大震災 (2011 年) の影響により，楢葉町や富岡町をはじめ福島県の一部の町村が調査対象外となっている場合がある
- 三宅島噴火 (2000 年) に伴う全島避難により，東京都三宅村が調査対象外となっている場合がある

■ 人口動態統計　　続いては，先ほどと同様の観点で「人口動態統計」2009〜2018 年の期間での仕様について確認した結果が，以下のリストである。

- 集計客体は日本における日本人
- 調査の期間は調査該当年の 1 月 1 日から同年 12 月 31 日まで
- データは 6 行目からはじまっている
- 項目名はセルで分割されておりきたない状態
- 「-」や「…」など数値以外が入力されている
  - 「-」は計数のない場合
  - 「…」は計数不明または計数を表章することが不適当な場合
- コードと名称が 1 つのセルに格納されている
- 2 桁コードは全角
- 4 桁コードと 5 桁コードは半角
- 市区町村単位以外にも，政令市やその他の市，郡部合計などのレコードも存在する

4.2.2　前処理の全体設計

　次に，必要なデータの前処理が何かを事前に整理する前処理の全体設計を行う。データ前処理における全体設計とは，

- 分析目的に沿った出力するデータ列・仕様の決定
- 実際にデータを開きながら，前処理における注意点の列挙
- 注意点を鑑みながら必要な処理フローの設計

を行うことである。

■ 出力ファイル仕様の決定　　　出力するデータの仕様を決定していく。可視化するためのデータを構築するために，システムが認識しやすい縦構造のデータとなることを目指す。

　今回の集計に必要なキー変数は「集計年」と「市区町村」であることから，集計年と市区町村が縦に並んでいるようにする。また，可読性と集計しやすいデータにすることを考慮し，都道府県カラムも作成する。

　算出する数値項目としては，住民基本台帳に基づく人口から「人口数」，人口動態調査から「死亡数」「出生数」，それらの値を用いて，「出生率」(出生数/人口数)，「死亡率」(死亡数/人口数) を構築することとする。

　出力するデータは，データの集計を行っている変数で左にある列から並び変える。今回は，「集計年」と「市区町村」で集計していることから，第 1 ソートキー変数を「集計年」，第 2 ソートキー変数を「市区町村」とする。

集計年	都道府県コード	都道府県名	市区町村コード	市区町村名	人口数（人）	死亡数（人）	出生数（人）	出生率（%）	死亡率（%）
2009	01	北海道	01100	札幌市	1,884,939	14,506	14,506	0.77	0.77
2009	01	北海道	01101	札幌市中央区	206,252	1,580	1,571	0.766	0.762
2009	01	北海道	01102	札幌市北区	273,577	2,052	2,057	0.75	0.752
2009	01	北海道	01103	札幌市東区	252,688	2,221	1,860	0.879	0.736
2009	01	北海道	01104	札幌市白石区	203,579	1,831	1,581	0.899	0.777
2009	01	北海道	01105	札幌市豊平区	208,476	1,721	1,540	0.826	0.739
2009	01	北海道	01106	札幌市南区	147,397	871	1,362	0.591	0.924
2009	01	北海道	01107	札幌市西区	209,883	1,685	1,654	0.803	0.788
2009	01	北海道	01108	札幌市厚別区	129,604	819	934	0.632	0.721
2009	01	北海道	01109	札幌市手稲区	138,794	953	1,091	0.687	0.786
2009	01	北海道	01110	札幌市清田区	114,689	773	856	0.674	0.746

（第1キー：都道府県コード・都道府県名、第2キー：市区町村コード）

図 4.1 出力データイメージ「可視化用ファイル」

これらをふまえて，データのイメージは図 4.1 で示されるものとなる。

■ **前処理における注意点の列挙**　次に，データ内部の問題点・注意点を把握する。実際にファイルを開いて確認する。公的データのほとんどは 100 万行以内に収まるため，Excel でファイルを確認することができる。

表 4.3 は，注意点に対するそれぞれの確認結果である。なお，これは，データが複雑な形式で格納されているケースの多い公的統計だけでなく，多くの表形式のファイルを読み込む際に有用な観点となる。

利用する公的統計が最新の市区町村情報で集約されているかどうかを確認するためには，過年度データにおいて，合併・変更した市区町村コードを調査するのが最も効率的である。どちらのデータにおいても，2010 年に改名した市区

表 4.3 データ前処理における注意点の調査のまとめ

注意するポイント	住民基本台帳	人口動態調査
何行目からデータが始まるか	5 行目	6 行目
ヘッダーは利用できるか	セル結合されており不可	単一セル内に存在していないため不可
数値列なのに文字が混ざっていないか	なし	0 を意味する「-」が混入
各列の文字列と数値列の振り分け	Excel 内の書式をそのまま適合	数値列でも文字列として定義
結合キー「集計年」が存在しているか	存在していないため，ファイル名から取得	存在していないため，ファイル名から取得
結合キー「市区町村コード」が存在しているか	団体コードの前 5 桁を利用する	1 列目の数字を抽出
市区町村コードは最新か	最新でない	最新でない
(Excel に限り) セルの結合が行われていないか	セル結合多いが，データ内部はされていない	—
(Excel に限り) シートが複数存在していないか	単一シートのみ	—

町村コード「01439」が存在しており，市区町村の統廃合の最新状況が反映され
ていない，つまり，最新市区町村での再集計が必要であることを意味している。

■ **前処理の全体構想設計**　　では，列挙した注意点をふまえた前処理の全体設
計を構築する。作成するデータは，「各年の出生率の高い市区町村データTOP20
の作成」と「可視化システムに取り込むことのできるデータの作成」の2つで
ある。必要な処理を大きく区分すると，「住民基本台帳による人口データの前
処理」「人口動態調査による人口データの前処理」「各年ごとの出生率TOP20
ファイル作成」「人口に関するデータ分析向けファイルの作成」の4つのステッ
プで分けることができる。

　処理に必要なpandasなどのライブラリの読み込み，市区町村情報を最新情
報にするためのマスタや，政令指定都市情報を反映させるためのマスタなどの
前処理を含めた事前準備のフェーズを含めたのが，次のリストとなる。

　0）事前準備

　　a）必要なライブラリのインポート・ファイルパスの指定

　　b）マスタ類の読み込み

　1）住民基本台帳による人口データの前処理

　　a）ファイルの読み込み

　　b）カラム選択と市区町村コードの追加

　　c）不要な行の除去

　　d）最新市区町村での集計

　2）人口動態調査による人口データの前処理

　　a）ファイルの読み込み

　　b）文字列から数値への変換・市区町村コードの作成

　　c）不要な行の除去

　　d）最新市区町村での集計

　3）人口に関するデータ分析向けファイルの作成

　　a）住民基本台帳と人口動態調査の前処理データの横結合

　　b）政令指定都市レコードの作成

　　c）政令指定都市以外の集計データとの縦結合

　　d）出生率・死亡率を算出

　　e）ファイルの出力

これをデータごとの依存性などを考慮してフロー図にしたのが図4.2である。

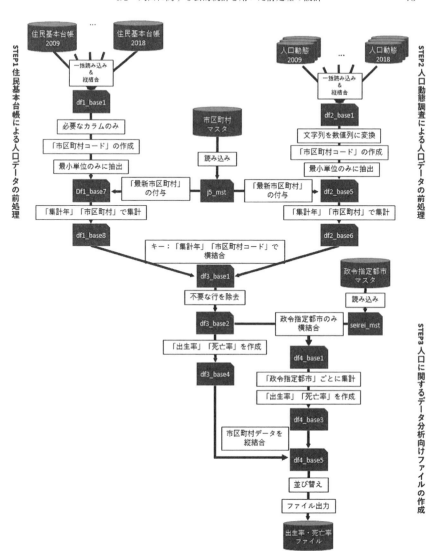

図 4.2　前処理の全体設計

これで，データを前処理する準備が整った。

　データ利活用において，分析の手法や精度にだけ議論が集中することがあるが，本来は最も重要であるデータそのものに対しても時間を割くべきである。いかなるデータに対しても仕様を調べすぎるということはなく，永続的に固定された完美な仕様というのはこの世に存在しないのである。データに対する準

備の重要性を理解し，いつまでも「データ初心者」であることを，データサイエンティストは忘れてはいけない。

　一方で，公開されているデータが前処理の必要がないような完美なデータであれば，前処理に時間をかける必要がなくなり，本来のデータの特徴把握に時間を割くことができる。データサイエンティストは，データそのものに対する改善要望を発信・提案し，なるべく分析する敷居を低くするのも役割の１つである。

4.3　データ前処理実践

　では，前置きが長くなったが，Python を用いたデータ前処理の実践を行っていく。

　はじめに，前処理を行うため，フォルダを作成する。自身の環境におけるPython のコードを管理しているフォルダに，新たにフォルダを作成し，その直下に，読み込みファイルを格納するフォルダ「in」，前処理の結果としてファイルを出力する「out」を作成する。加えて，データ前処理を行って気付いた点や次に同様の処理を実施する人に向けた情報を記録していく「備忘録.txt」というテキストファイルを作成している。

　フォルダ作成のルールをチームで共有しておけば，誰が見ても一目でどこに何があるかが明確となる。他の人が行った作業を追うことは時間がかかるが，このような整頓術を工夫するだけで，お互いの作業量を減少させる大事な要因となるため，チームでルールを決めることを推奨する。

　例えば，今回であれば「yyyymmdd (作成日付)_住民基本台帳と人口動態調査による人口の前処理」というフォルダを作成し，その中に「in」，「out」のフォルダと「備忘録.txt」を作成する。処理するツールによってファイルの拡張子が異なるが，「yyyymmdd_住民基本台帳と人口動態調査による人口の前処理」の直下に，「yyyymmdd_データの読み込みと出生率データの作成.ipynb」(Jupyter Notebook での作成を想定) を作成しよう。翌日に作業を行う場合は，日付を更新したファイルを作成してから作業を実施する。

　なお，ダウンロードしたデータのフォルダ構造は変更しないまま，説明を行う。またダウンロードしたデータのエンコーディングは CP932 (Shift_JIS の拡張) である。pandas の DataFrame に UTF-8 以外でエンコーディングされた

データを読み込む際には，エンコーディング指定 (encoding='cp932') が必要となることに注意する。DataFrame への読み込みの詳細については 3.1 節を参照されたい。

4.3.1 STEP0 事前準備

では，必要なライブラリの読み込みとパスの設定をコード 4.1 のように行う。

コード 4.1 事前準備

```
1   #必要なライブラリの読み込み
2   import pandas as pd
3   import numpy as np
4   import os
5   from glob import glob
6   import datetime
```

ライブラリは，pandas や glob などの 3 章で紹介したライブラリのほかに，Python の内部で保有している時間情報を取得する datetime を読み込んでいる。これを読み込むことで，出力するファイルに日付を入れたり，処理時間を計測することが可能となる。

次にコード 4.2 とコード 4.3 にてマスタを読み込んでいくが，必要となるマスタは 2 種類である。1 つ目は，古い市区町村コードを最新の市区町村コードへと変換するための市区町村マスタである。

コード 4.2 市区町村マスタの読み込み

```
1   j5_mst = pd.read_csv('./in/市区町村マスタ.csv', encoding = 'cp932',
        engine = 'python', index_col = None, header = 0, dtype = {'変換前
        市区町村コード':'object', '最新都道府県コード':'object', '最新市区町
        村コード':'object', '政令指定都市フラグ':'object'})
```

コード 4.2 の結果が図 4.3 となる。「政令指定都市フラグ」は政令指定都市かどうかを分割するためのフラグとなる。

次に，どの市区町村コードが政令指定都市なのかを判別するための政令指定

	変換前市区町村コード	最新都道府県コード	最新都道府県名	最新市区町村コード	最新市区町村名	政令指定都市フラグ
0	01100	01	北海道	01100	札幌市	1
1	01101	01	北海道	01101	札幌市中央区	NaN
2	01102	01	北海道	01102	札幌市北区	NaN
3	01103	01	北海道	01103	札幌市東区	NaN
4	01104	01	北海道	01104	札幌市白石区	NaN

425

図 4.3 市区町村マスタの読み込み

都市マスタを読み込む。

コード 4.3　0-d 政令指定都市マスタの読み込み

```
1  seirei_mst = pd.read_csv('./in/政令指定都市マスタ. csv', encoding = '
        cp932', engine = 'python', index_col = None, header = 0, dtype =
        {'変換前市区町村コード':'object', '政令指定都市コード':'object'})
```

コード 4.3 の結果が図 4.4 となる。

	変換前市区町村コード	政令指定都市コード	政令指定都市名
0	01101	01100	札幌市
1	01102	01100	札幌市
2	01103	01100	札幌市
3	01104	01100	札幌市
4	01105	01100	札幌市
38			

図 4.4　文字列の切り出し処理結果

　可視化用データを作成する際に利用するマスタで，区で分割されたデータを政令指定都市単位に足し上げることができる。

4.3.2　STEP1 住民基本台帳による人口の前処理

　設定した全体像に沿って，住民基本台帳の前処理を実施していく。

■ ファイルの読み込み　住民基本台帳による人口は，外国人が加味されることになりデータの形式が変化されたり，集計月が変更されているデータである。データ列としては，2013 年を境に変わっているため，2013 年以前と 2014 年以降で読み込むルールを変更する。

　まず，コード 4.4 のようにファイル情報をリストに格納していく。

コード 4.4　指定フォルダにあるファイル情報の抽出

```
1  current_dir = './in/juuminkihon'
2  all_csv_files1_1 = [file for file in glob(os.path.join(current_dir,
        '*ssjin*.xls'))]
3  all_csv_files1_2 = [file for file in glob(os.path.join(current_dir,
        '*nsjin*.xls'))]
```

　読み込み処理は，ファイル構造が異なるため，繰り返し処理をそれぞれのファイル構造で実施する。コード 4.5 ではすべての項目名を記載していないが，参考コードにはすべて記載しているため，詳細は参考コードを確認してほしい。

コード 4.5　ファイルの読み込み 1

```
1  #2013年以前ファイルの読み込み
```

```
2  lists1 = []
3  for file in all_csv_files1_1:
4    df1_1 = pd.read_excel(file, index_col=None, header=None, skiprows=4,
         names = ('団体コード', '都道府県名', …, '社会増加率' ), dtype =
         {'団体コード':'object'}).assign(集計年 = "20"+file[-13:-11])
5    lists1.append(df1_1)
6  #2014年以降ファイルの読み込み
7  for file in all_csv_files1_2:
8    df1_2 = pd.read_excel(file, index_col = None, header=None, skiprows
         = 4,names = ('団体コード', '都道府県名', …, '社会増加率'), dtype
         = {'団体コード':'object'}).assign(集計年 = "20"+file[-13:-11])
9    lists1.append(df1_2)
10  #2013年以前の情報が格納されているlists1 にそのまま縦に結合する
11  df1_base1 = pd.concat(lists1, axis=0, sort=False)
```

ファイルには集計年の情報がないため，ファイル名から集計年を assign で定義している。なお，年を yyyy 形式で表現するために，"20"+で頭に 20 を付与している。

■ カラム選択と市区町村コードの追加　　今回のテーマでは，住民基本台帳からは人口総計しか用いることがないため，「集計年」と地域を示す「団体コード」「人口_計」のみ残すコード 4.6 のように処理する。

コード 4.6　必要なカラムのみに制限
```
1  df1_base2 = df1_base1[['集計年', '団体コード', '人口_計']]
2  df1_base2
```

次に「市区町村コード」を「団体コード」から最初から 5 桁の数字を抽出して定義する処理をコード 4.7 のようにする。

コード 4.7　市区町村コードの追加
```
1  df1_base3 = df1_base2.assign(市区町村コード = df1_base2['団体コード'].
      str[0:5])
```

■ 不要な行の除去　　データには，都道府県集計や郡単位など，目標としている単位である市区町村にするために不要な行が存在している。

人口の総計を示す行は，団体コードの記載がなく，Python 上では NaN となる。そのため，NaN となっている行を除去するが，dropna() で指定し，コード 4.8 となる。

コード 4.8　NaN のレコードの除去 1
```
1  df1_base4 = df1_base3.dropna(subset = ['市区町村コード'])
```

次に，都道府県のレコードを除去する。都道府県は市区町村コードの下 3 桁

が "000" となっており，除去するには "000" を除くコード 4.9 となる。

コード 4.9　末尾が 000 のレコードの除去 2

```
1  df1_base5 = df1_base4[df1_base4['団体コード'].str[2:5] != "000"]
```

今回は「"000" ではない」を指定するため，!=で not equal を指定している。

最後のレコード除去として，政令指定都市を除去する。除去の対象となる政令指定都市コードは，市区町村マスタにある「政令指定都市フラグ」が 1 となる市区町村コードである。市区町村マスタから政令指定都市の一覧を抽出した j5_seirei を用いて，j5_seirei に該当する市区町村コードを除去するという繰り返し処理を行っている。コード 4.10 のように処理する。今回はデータの大きさが大きくないため繰り返し処理を行っているが，横結合による方法でも実現可能である。

コード 4.10　政令指定都市の除去

```
1  #市区町村マスタから政令指定都市を抽出
2  j5_seirei = j5_mst.最新市区町村コード [(j5_mst['政令指定都市フラグ'] ==
   '1')]
3  # 政令指定都市の対象となる市区町村コードを除去
4  df1_base6 = df1_base5
5  for seirei in j5_seirei:
6   df1_base6 = df1_base6[(df1_base6['市区町村コード'] != seirei)]
```

逐次的に対象となる市区町村コードを削除していく方法であるため，操作するファイルを上流の処理とは独立させるために，df1_base6 = df1_base5 で本処理用のデータの複製を最初に行っている。

他の郡単位や支庁単位のレコードの除去については，市区町村マスタとマージによって行うこととする。

■最新市区町村での集計　　最新市区町村コードへの再集計のために，市区町村マスタを用いて，最新市区町村コードを付与する。最新市区町村情報を結合するには DataFrame の横結合を行い，コード 4.11 のように処理する。

コード 4.11　最新市区町村情報の付与

```
1  df1_base7 = pd.merge(df1_base6, j5_mst, left_on = '市区町村コード',
   right_on = '変換前市区町村コード', how = 'inner')
```

市区町村マスタを付与することで，郡単位のコードがすべて除去されるので，どちらのデータにも含まれている市区町村コードのみ残すように指定しなくてはならない。そのため，結合オプションは，inner となる。

結合キーとなる変換前の古い市区町村コードをしっかりと指定することも，横結合の際には注意しなくてはならない。

丁寧に確認することで，想定していない行や挙動が確認されることがある。今回のようなマスタファイルとの横結合を実施した際は，特に注意して，処理後のデータを確認することを推奨する。コード 4.12 のように処理する。

コード 4.12 merge 実施時の確認例

```
1  df1_che1 = pd.merge(df1_base6, j5_mst, left_on = '市区町村コード',
       right_on='変換前市区町村コード', how = 'left')
2  df1_che2 = df1_che1[df1_che1["最新市区町村コード"].isnull()]
3  df1_che3 = df1_che2[(df1_che2['市区町村コード'].str[3:4] != "3") & (
       df1_che2['市区町村コード'].str[4:5] != "0")]
```

ここでは，df1_base6 において，市区町村マスタにコードが存在していない行を確認する。df1_che1 は，how='left'にすることで，df1_base6 に存在している行を残し，df1_che2 で市区町村マスタにない行のみを残すために，「最新市区町村コード」が NaN となる行を指定している。郡コードは，3 桁目が "3" で，5 桁目が "0" となっているので，それ以外の行があるかを df1_che3 に出力する。df1_che3 を観察すると，01695〜01699 が残っているが，これは北方領土を示しており，人口はすべて 0 となっており，数値としての意味がないため，今回の分析の除外対象として問題ない。このような確認を通じて，データに対する理解が深まることはたびたび起きるため，自身の認識を過信せず，手間のかかる確認は必ず行うことを推奨する。

最新市区町村コードでの集計を行う。コード 4.13 のように処理する。今回は合計が必要なので，統計量は sum() を指定している。

コード 4.13 最新市区町村でのグループ集計

```
1  df1_base8 = df1_base7.groupby(['集計年', '最新都道府県コード', '最新都道
       府県名','最新市区町村コード', '最新市区町村名'],
2  as_index = False
3  ).sum()
```

これで，住民基本台帳を用いた総人口のデータ前処理が完了した。その結果が図 4.5 である。

4.3.3 STEP2 人口動態調査の前処理

■ ファイルの読み込み　　ファイル情報の抽出と読み込みを行う。人口動態調査はフォルダが年度ごとに分かれているため，サブファイルも含めたファイル

	集計年	最新都道府県コード	最新都道府県名	最新市区町村コード	最新市区町村名	人口_計
0	2009	01	北海道	01101	札幌市中央区	206252
1	2009	01	北海道	01102	札幌市北区	273577
2	2009	01	北海道	01103	札幌市東区	252688
3	2009	01	北海道	01104	札幌市白石区	203579
4	2009	01	北海道	01105	札幌市豊平区	208476

3486

図 4.5　住民基本台帳の前処理結果

情報の取得が必要となる。コードはリストを活用した読み込みを行い，コード 4.14 となる。

コード 4.14　指定フォルダにあるファイル情報の抽出

```
1  current_dir = './in/jinkodoutai'
2  all_csv_files2 = [file for current_dir, subdir, files in os.walk(
       current_dir)
3   for file in glob(os.path.join(current_dir, '*.csv'))]
4  lists2 = []
5  for files2 in all_csv_files2:
6   df2 = pd.read_csv(files2,encoding='cp932', engine='python',
       index_col = None, header = None, skiprows = 5, names = ('地域情
       報', '出生数', …, '離婚件数'), ).assign(集計年 = "20"+files2
       [-14:-12])
7   lists2.append(df2)
8  df2_base1 = pd.concat(lists2, axis = 0, sort = False)
```

　人口動態においても，ファイルには集計年の情報がないため，フォルダ名から集計年を抽出している。

■ 文字列から数値への変換・市区町村コードの作成　　次に，利用する変数の準備として，文字列を数値列に変換する。

　数値項目であるはずの「出生数」や「死亡数」に 0 を意味する "-" が存在していることから，文字列として Python には読み込まれている。「出生数」「死亡数」は総人口と四則演算を行うために，数値として新たな変数を追加していき，コード 4.15 のように処理する。

コード 4.15　文字列から数値への変換

```
1  df2_base2 = df2_base1.copy()
2  df2_base2['出生数_int'] = df2_base2['出生数'].replace('-', '0').
       replace('    ', '0').fillna(0.0).astype(np.int64)
3  df2_base2['死亡数_int'] = df2_base2['死亡数'].replace('-', '0').
       replace('    ', '0').fillna(0.0).astype(np.int64)
```

今回の原因となっている "-" を 0 に置き換えるには，replace('-', '0')

で指定することができる。また，NaN となっている箇所も 0 と置き換えるために，`fillna(0.0)` を指定し，不要な全角文字の除去のために，`replace(' '，'0')` を追記する。最後に，文字列から数値に変換する `astype(np.int64)` を指定すると，変換される。

■ **不要な行の除去**　次は，市区町村のレコードのみの DataFrame にする。

市区町村コードを作成するために，コードと名前が混在している「地域情報」からの切り取りを行う (コード 4.16)。

コード 4.16　市区町村コードの作成

```
1  df2_base3 = df2_base2.assign(市区町村コード = df2_base2['地域情報'].str
    [0:5])
```

次に，作成した市区町村コードに数値以外が含まれているレコードは市区町村単位以外での集計となるため，市区町村コードを数値のみのレコードを指定することで都道府県や支庁による集計を除くことができる。対象文字列がすべて数字で構成されているかを判定する `str.isdecimal()` メソッドを用いて，コード 4.17 のように処理する。

コード 4.17　レコードを市区町村のみにする

```
1  df2_base4 = df2_base3[df2_base3['市区町村コード'].str.isdecimal() ==
    True]
```

■ **最新市区町村での集計**　最後に，人口動態調査も最新市区町村情報ではないため，最新情報への結合を行う。最新市区町村情報を横結合するコード 4.18 を処理する。

コード 4.18　最新市区町村へのマージ

```
1  df2_base5 = pd.merge(df2_base4, j5_mst, left_on = '市区町村コード',
    right_on = '変換前市区町村コード', how = 'inner')
```

正しく横結合がなされているか確認するが，横結合後の行数が減少していないため，また，今回はすべてのレコードが市区町村マスタに存在しているため，追加調査はしない。

では，最新市区町村コードで再集計を行う (コード 4.19)。

コード 4.19　最新市区町村での再集計

```
1  df2_base6 = df2_base5.groupby(['集計年', '最新都道府県コード', '最新都道
    府県名', '最新市区町村コード', '最新市区町村名'], as_index = False).
    sum()
```

これで人口動態統計の前処理が完了した。

4.3.4 STEP3 可視化用ファイルの作成

作成した 2 つのデータフレームを用いて，出生率・死亡率を算出し，可視化システム搭載用のファイルを作成する。

■ **住民基本台帳と人口動態調査の前処理データの横結合**　　住民基本台帳と人口動態で前処理を行い，最新市区町村単位での集計を行った 2 つの DataFrame を横結合する。

コード 4.20 のように処理し，いずれかの行にあれば残すようにして，片方にしかない行については追加で確認できるように DataFrame を出力する。

コード 4.20　住民基本台帳と人口動態調査の前処理データの横結合

```
1   df3_base1 = pd.merge(df1_base8, df2_base6, on = ['集計年', '最新都道府
        県コード', '最新都道府県名', '最新市区町村コード', '最新市区町村名'],
        how = 'outer')
2   #差分の調査
3   df3_che1 = df3_base1[df3_base1["人口_計"].isnull()]
4   df3_che2 = df3_base1[df3_base1["出生数_int"].isnull()]
```

今回は df3_che1 に 3 行存在している。集計年が 2010 年，地域が相模原市の緑区，中央区，南区が住民基本台帳に存在していない。

相模原市は 2010 年 4 月 1 日に政令指定都市となっており，2010 年集計調査の場合，住民基本台帳は 3 月 31 日時点の調査であるため，相模原市として集計されている。一方，人口動態は 2010 年全体として集計されているため，政令指定都市 3 つを含めた公開されていることから，この差分が発生した。2010 年の相模原市の区については，出生数・死亡数を計測することができないため，除去することとする。

差分が相模原市のみとなっているため，「人口_計」が NaN となっている行を除去する (コード 4.21)。

コード 4.21　不要な行を削除

```
1   df3_base2 = df3_base1.dropna(subset = ['人口_計'])
```

■ **政令指定都市集計データの作成**　　可視化用のファイルは，システム上で集計する必要がないように，政令指定都市単位としての集計もファイル内に含めるように作成する。そのため，政令指定都市のみを集計したデータフレームを作成する。元とするデータは，出生率・死亡率を算出している df3_base2 を用いる。

政令指定都市マスタは，政令指定都市となる市区町村コードの一覧である。

コード4.22のように，政令指定都市マスタと横結合することで，政令指定都市の市区町村コードのみ残すことができる。

コード4.22 政令指定都市で再集計

```
1  df3_sei1 = pd.merge(df3_base2, seirei_mst, left_on = '最新市区町村コー
      ド', right_on = '変換前市区町村コード', how = 'inner')
```

次に，政令指定都市で再集計をコード4.23のように行う。集計キーは，政令指定都市コードに変更している。

コード4.23 政令指定都市で再集計

```
1  df3_sei2 = df3_sei1.groupby(['集計年', '最新都道府県コード', '最新都道府
      県名', '政令指定都市コード', '政令指定都市名'], as_index = False).
      sum()
```

■ 政令指定都市以外の集計データとの縦結合 　1つのファイルとしてシステムに読み込むために，DataFrameの縦結合を行う。政令指定都市のみの集計データ df3_sei2 と市区町村での集計データを縦に結合するために，df3_sei2 の列名を同一のものに整理する (コード4.24)。

コード4.24 結合データとのカラム名統一

```
1  df3_sei3 = df3_sei2.rename(columns = {
2    '政令指定都市コード':'最新市区町村コード',
3    '政令指定都市名':'最新市区町村名',})
```

市区町村を集計した df3_base2 と政令指定都市のみの df3_sei3 を縦に結合する (コード4.25)。

コード4.25 政令指定都市データの縦結合

```
1  df3_base3 = pd.concat([df3_base2, df3_sei3], sort = False)
```

■ 出生率・死亡率を算出 　必要なレコードはすべて揃ったので，出生数と死亡数を，総人口で割り，出生率・死亡率を算出する。今回は3桁で四捨五入するため round(3) とし，コード4.26のように処理する。

コード4.26 出生率・死亡率を算出

```
1  df3_base4 = df3_base3.copy()
2  df3_base4['出生率'] = (df3_base4['出生数_int'] / df3_base4['人口_計'] *
      100).round(3)
3  df3_base4['死亡率'] = (df3_base4['死亡数_int'] / df3_base4['人口_計'] *
      100).round(3)
```

■ ファイルの出力 　出力の準備として，カラム名の整理と並び替えを行う。カラム名に単位を入れることで誰が見てもこのデータの理解することができる

ようになり，データを引き渡した際に認識の齟齬が発生しにくくなる。ここで
は，コード 4.27 のように人と％を単位としてカラム名に入れる。

コード 4.27　列名の修正

```
1   df3_base5 = df3_base4.rename(columns = {
2    '最新都道府県コード':'都道府県コード',
3    '最新都道府県名':'都道府県名',
4    '最新市区町村コード':'市区町村コード',
5    '最新市区町村名':'市区町村名',
6    '人口_計':'人口数（人）',
7    '出生数_int':'死亡数（人）',
8    '死亡数_int':'出生数（人）',
9    '出生率':'出生率（％）',
10   '死亡率':'死亡率（％）'})
```

次に，集計年，市区町村コードの 2 つで並び替えを行う (コード 4.28)。

コード 4.28　データの並び替え

```
1   df3_out = df3_base5.sort_values(['集計年','市区町村コード'])
```

これで図 4.6 のように政令指定都市の集計も含めた出生率・死亡率のデータ
が作成できた。

	集計年	都道府県コード	都道府県名	市区町村コード	市区町村名	人口数（人）	出生数（人）	死亡数（人）	出生率（％）	死亡率（％）
0	2009	01	北海道	01100	札幌市	1884939.0	14506	14506	0.770	0.770
0	2009	01	北海道	01101	札幌市中央区	206252.0	1580	1571	0.766	0.762
1	2009	01	北海道	01102	札幌市北区	273577.0	2052	2057	0.750	0.752
2	2009	01	北海道	01103	札幌市東区	252688.0	2221	1860	0.879	0.736
3	2009	01	北海道	01104	札幌市白石区	203579.0	1831	1581	0.899	0.777

3524

図 4.6　文字列の切り出し処理結果

最後にコード 4.29 でファイルを出力する。こちらのファイルも自動的に日付
を付与する。

コード 4.29　ファイルの出力

```
1   df3_out.to_csv('./out/ratio_'+ now.strftime('%Y%m%d') +'_name.csv',
        header = True, index = False, float_format = '%.3f')
```

この後，RESAS などのシステムにデータを搭載し，日本地図などに可視化
を行っていく。

前処理の難しさの本質を理解していないと，「すぐ終わる」「簡単」と感じて
しまうような一般的なデータであっても，データに対する事前の細かい確認や，

複数の処理が発生し，前処理に時間をかけなくては危険な分析になってしまうことを認識することは難しい。

前処理の作業が早い人が自身のまわりにいたら，特に注意してほしい。データ前処理に関する講義や RESAS の元データの前処理を通じて感じることは，早い人ほど間違い・必要な処理が抜けていることが多い。それは「こんな前処理で時間をかけたくない」というデータサイエンティストにとって大事なモチベーションからくるものかもしれないが，もしかしたら，データの本質を理解することにつながる前処理をおろそかにしている可能性もある。ぜひ，そんな処理の早い人には，「市区町村のコードは新しいか？」「郡は抜いたか？」など具体的に注意点を聞いてみるとよいだろう。

4.4　データ作成完了後作業

データ作成後は，作成したデータが正しいかを自分で確認することがまずは重要である。データ前処理にどれだけ熟練していても，前処理のプログラムを1,000 行も書いていれば，少なくとも 1 つはミスを発生してしまう。前処理が完了した後は，必ず自分の作成データに対してセルフチェックを行い，可能であれば，自分以外の確認を受けるようにすることを強く勧める。

演習問題において，セルフチェックの一例である都道府県データのチェックを課している。正解コードを参考にしながら，セルフチェックの重要性を感じてほしい。

また，定期的に更新が必要なデータの場合，次回の作業実施時に作業時間を短縮するために，実施事項の記録を行うのも重要である。

RESAS などのようにいくつものデータを短期間で作成する際は，自分自身でさえ，前処理を覚えておくことは困難である。どこからデータをダウンロードしたか，どのデータに注意点があるかなどを記録することで，自分以外の人が前処理を実施する場合に初手が効率的に実施でき，重宝される資料となる。

備忘録は表 4.4 にある観点で記録していくとよい。

情報は足りなくて困ることは多くあるが，可読性が低下してしまうという問題はあるものの，情報を書きすぎて誰かが困ることは確実にない。前処理を通じて，理解したこと，難しいことなど，自分が伝えたいことはすべて記載していき，その内容は，仲間同士で共有し，情報の精査を行っていけばよいのである。

表 4.4　備忘録の記録する内容の観点

タイトル	内容 (今回の前処理で記録する事項)
インプットデータの出典	● どうやって入手したか (ダウンロードした URL) ● データの数 (何期分? 全地域含んでいるか?)
前処理・データにおける注意点	● 前処理前に列挙したデータの注意点をすべて記載 (外国人が含まれるようになった, 集計月が変更となるなど) ● 前処理において発覚した注意すべきデータ特性 (相模原市政令指定都市化によるデータの差異)
次回実施時の変更点	● データ時期の更新タイミング (毎年更新? いつごろ公開される?) ● プログラムの変更しなくてはならない箇所 (インプット・アウトプットのパス)

章　末　問　題

　この章末問題は, 本文での処理を実施し作成されたデータフレームを利用する。

(1) データフレーム df3_out を用いて, 集計年 2018 年における, 出生率 TOP20 となる市区町村を求めなさい。なお, ファイル名を「2018 年_出生率 TOP20_[本日日付]_[自分の名前].csv」, カラムを「出生率ランキング」を元のデータフレームに追加とする。

(2) データフレーム df3_base2 を用いて, 都道府県集計のデータフレームを作成しなさい。

(3) データフレーム df2_base3 を用いて, 都道府県集計のレコードを抽出しなさい。

(4) 問題 (2) と問題 (3) の結果を比較し, 差異が 2010 年神奈川県に存在することを確認しなさい。

(5) 問題 (4) にて, 差分が 2010 年神奈川県にのみ存在した理由を述べなさい。

Chapter 5

実践：マーケティング

5.1　マーケティング分析のための前処理

　企業は商品やサービスを顧客に販売し利益を上げることで企業活動を継続している。その中でマーケティングの役割は，顧客に価値を提供し，売れ続ける仕組みを作ることである。つまり，マーケティングは企業活動を行う上で必要不可欠な役割を担っている。

　特に最終消費者と直接取り引きを行う小売店では，POS システムから得られる購買データ (POS データ) と，会員カードから入手できる購入者の情報を紐付けて管理しており，「誰が，いつ，何を，いくらで，いくつ」購入したかを把握できる。このデータは ID 付 POS データ (ID-POS) と呼ばれ，流通・小売店，そしてメーカーなどで積極的な活用が行われている。

　本章では，POS データのクリーニングとして，商品の返品処理と商品名の表記ゆれに関する前処理を行う。また，特徴量抽出のための前処理として，ID-POSを想定した各種集計，デシル分析による顧客のランク付けそして RFM 分析を行う。RFM 分析では，株式会社マクロミル (https://www.macromill.com) が保有する QPR と呼ばれるスキャンパネルデータを利用した。

　QPR データは，ホームスキャン方式で，バーコードスキャナまたは専用のスマートフォンアプリを利用して，モニタ自らがバーコードをスキャンすることでデータが収集されている。

　スキャンパネルデータは，バーコードが付与されてない商品の購買情報は収集できないため，野菜や鮮魚などの生鮮食品はデータとしては残りにくい。しかし，同一モニタが複数の異なる店舗で購買した情報をデータとして記録できるメリットがあり，1 人のモニタの店舗横断的な買い回り行動が把握できる点が特徴である。

最初に本章で共通して利用するライブラリをコード5.1に示す。

コード5.1　本章で共通して利用するライブラリ

```
1   import pandas as pd
2   from datetime import datetime
```

5.2 返 品 処 理

　小売店では日々たくさんの商品が返品されており，ID-POSデータでは，返品時の処理としては，返金を示すマイナスの金額が登録されることになる。したがってデータを分析する際に返品処理を実施しなければ，返金が行われたにも関わらず，購買のまま処理することになり，正しい分析が実施できない。

　返品処理で利用する入力データは図5.1のa)で，e)が返品処理を終えた出力データである。入力データの2行目と8行目にマイナス金額が示されている。これが返品であり，返品が行われた顧客の対象商品の中から直近で購買があったレコードを特定し，両方を消去する必要がある。

　この例では，indexの0と2の牛乳が購入と返品の関係を示している。モニタBにもワインの返品 (indexの8) がある。また，モニタBはワインを複数回購入しており，4月11日に2つのワインを購入している。この場合の返品対象となる商品は，返品した日付に一番近い過去の購入を返品対象の商品として処理する。また返品対象の商品を同一日に複数購入していた場合は，そのうちの1つだけを返品扱いにしなければならない。したがって，このモニタBが返品したワインは，index5の4月11日に購入した1つのワインと見なす。つまり，図5.1のe)に示すような結果になる。確認すると，モニタBの4月11日に購入された2つのワインのうちの1つだけが削除されている。

　処理の手順としては，金額がマイナスのレコードを抽出し，そのレコードに共通するモニタ，商品，金額を探し，相殺する。その際に，モニタ，商品，金額に一致する複数のレコードがある場合は，返品日から最も近い過去のレコードを削除することになる。さらに，削除対象となる日に同じ商品を複数購入しているケースがあるので，その場合は複数の商品から1つだけ選択しなければならない。これらの処理を実現するスクリプトをコード5.2に，処理イメージを図5.1に示す。

a) 入力データ

	モニタ	日付	金額	細分類名	
0	A	20140401	300	牛乳	◀
1	A	20140401	200	ヨーグルト	┈┈┈▶
2	A	20140401	-300	牛乳	
3	A	20140403	400	半生菓子	
4	B	20140408	900	ワイン	
5	B	20140411	900	ワイン	◀
6	B	20140411	900	ワイン	
7	B	20140415	800	牛肉	
8	B	20140417	-900	ワイン	
9	B	20140418	900	ワイン	
10	C	20140508	200	ヨーグルト	
11	C	20140525	900	ワイン	
12	C	20140528	1000	牛肉	

b) 返品行の選択

	モニタ	返金日	金額	細分類名
2	A	2014-04-01	300	牛乳
8	B	2014-04-17	900	ワイン

a)に返金日を結合して返品からの日数を求める

c)

	モニタ	日付	金額	細分類名	返金日	日数
0	A	2014-04-01	300	牛乳	2014-04-01	0 days
1	A	2014-04-01	200	ヨーグルト	NaT	NaT
2	A	2014-04-03	400	半生菓子	NaT	NaT
3	B	2014-04-08	900	ワイン	2014-04-17	9 days
4	B	2014-04-11	900	ワイン	2014-04-17	6 days
5	B	2014-04-11	900	ワイン	2014-04-17	6 days
6	B	2014-04-18	900	ワイン	2014-04-17	-1 days
7	B	2014-04-15	800	牛肉	NaT	NaT
8	C	2014-05-08	200	ヨーグルト	NaT	NaT
9	C	2014-05-25	900	ワイン	NaT	NaT
10	C	2014-05-28	1000	牛肉	NaT	NaT

返品前の購買からモニタ・細分類名・金額別に日数が直近の行を選択

d) 返品対象商品

	モニタ	日付	金額	細分類名	返金日	日数
0	A	2014-04-01	300	牛乳	2014-04-01	0 days
4	B	2014-04-11	900	ワイン	2014-04-17	6 days

返品対象商品をc)から消し込む

e) 出力データ

	モニタ	日付	金額	細分類名
1	A	2014-04-01	200	ヨーグルト
2	A	2014-04-03	400	半生菓子
3	B	2014-04-08	900	ワイン
5	B	2014-04-11	900	ワイン
7	B	2014-04-15	800	牛肉
6	B	2014-04-18	900	ワイン
8	C	2014-05-08	200	ヨーグルト
9	C	2014-05-25	900	ワイン
10	C	2014-05-28	1000	牛肉

図 5.1　返品処理のデータイメージ

コード 5.2　返品の処理

```
1  from datetime import timedelta
2  df = pd.read_csv('in/cancel.csv', parse_dates = ['日付'])
3  # 返品行の選択
4  henpin = df[df['金額']<0].rename(columns = {'日付':'返金日'})
5  henpin['金額'] = henpin['金額']*-1
6
7  # 返品日を結合して返品からの日数を求める
8  df = df[df['金額']>=0]
9  df = df.merge(henpin, on = ['モニタ', '細分類名', '金額'], how = 'outer
```

```
      ')
10  df['日数'] = df['返金日']-df['日付']
11
12  # 返品対象商品の選択 (複数の同一商品があるのでhead で1つ選ぶ)
13  sel = df[df['日数'] >= timedelta(days = 0)]
14  sel = sel.sort_values(['日数']).groupby(['モニタ', '細分類名', '金
      額']).head(1)
15
16  # 返品対象商品の消し込み
17  df = df.drop(index = list(sel.index))
18  df = df[['モニタ', '日付', '金額', '細分類名']].sort_values(['モニタ', '
      日付'])
19  display(df)
```

図 5.1 a) の下線で示した返品商品と，チェックの付いた返品対象商品をデータから特定し，それらを消し込む必要がある。コードの2行目でDataFrameに読み込む際に，read_csv() を利用するが，日付項目を datetime 型で読み込むために，オプション parse_dates=['日付'] を指定している。日付の計算は単純な四則演算では正しい計算ができないため，datetime 型を利用する。これについては付録 A.8 の日付型を参照されたい。

コードの4，5行目でマイナス金額の行を選び返品商品を選択して返金日という項目名に変更し，その商品を後で結合できるように金額を正の値に変更している。その出力がb) である。

このb) の返金日を a) のデータに結合し，返金日からの日数を計算したデータがc) である。その際に，コード9行目 merge() のオプションで outer を指定すると，返品商品と同じ商品にだけ返金日が結合され，それ以外の商品は NaT になる。

c) から返品対象商品を選択するために，コードの13行目で0よりも大きい日数を選択し，返品前の購買を対象にしている。日数は datetime 型なので，日数が0以上の行を選択するために，timedelta(days=0) で datetime 型に揃えて演算を行っている。また，14行目でモニタ・細分類名・金額別に日数の最小値を選択することで，複数の同一商品がある場合でも1つの商品だけが選択される。

その結果が d) である。このデータの index の 0，4 を c) から削除すれば，残ったデータ e) が返品処理が終了したデータになる。コードの 17 行目の list(sel.index) で [0,4] が得られる。そして，drop() でこのリストを持

つ index を削除して対象データを選択している。

5.3 商品名称のクリーニング

　モニターが購入商品を自ら入力・登録するスキャンパネルデータでは，手作業によるデータ入力が発生するため入力ミスや表記方法の違いなど，データの表記揺れの問題が生じてしまう。

　また，POS システムで管理される商品は，SKU (最小の管理単位) による単品の識別を前提にしていることから，同じ商品でもサイズや容量が異なる場合は，違う商品として管理されている。しかし，データ分析で利用する際には，同一アイテムの容量違いは，同じ商品として分析したい場合が多い。

　そこで，このタスクでは，同一アイテムのサイズ容量違いを統一するためのデータクリーニングを行う。図 5.2 の左は，入力データ (itemMaster.csv) として利用する商品の名称を表したサンプルデータである。このデータに含まれる名称からサイズ，単位などを削除して，図 5.2 の右に示した「略称」のように出力することが目的である。

	名称		略称
0	山形県産あきたこまち 1袋 1 0 k g	0	あきたこまちブレンド
1	湯沢市産あきたこまち 1袋 1 0 K g	1	あずさワイン 無添加マスカット
2	無洗米あきたこまち 1袋 5 K g	2	いなば とりごぼう
3	あきたこまちブレンド 1袋 5 K G	3	おやつごろ 村田製菓 芋けんぴ 袋
4	あずさワイン 無添加マスカット 7 2 0 m l	4	カルビー ポテトチップスうすしお
5	いなば とりごぼう 7 5 g×3 缶	5	カルビー ポテトチップスたらこバター
6	おやつごろ 村田製菓 芋けんぴ 袋 1 0 0 グラム	6	国内産きゅうり 袋
7	国内産きゅうり 袋 4 本	7	山形県産あきたこまち
8	鳥取県産きゅうり 袋 2 本	8	湯沢市産あきたこまち
9	カルビー ポテトチップスたらこバター 5 8 g	9	無洗米あきたこまち
10	カルビー ポテトチップスうすしお 8 0 g	10	鳥取県産きゅうり 袋

図 5.2　名称のクリーニング (左：入力データ，右：出力結果)

　コード 5.3 は，サイズ違いなどを統一するスクリプトである。入力データの itemMaster.csv を読み込み，データフレームに変換する。re.sub() によって正規表現を利用し，名称のサイズ，容量を置換することで削除している。置換の基本的なルールは，任意の全角数字 1 文字からはじまり対象の単位までの文字

列を削除することである。置換については3.3節の文字の置換を参照されたい。

コード5.3　名称のクリーニング

```
1   import re
2
3   def mkNames(df):
4       chgName = []
5       for name in df['名称']:
6           name = re.sub(u'[１２３４５６７８９０．]+グラム','',name)
7           name = re.sub(u'[１２３４５６７８９０．]+ｋｇ','',name)
8           name = re.sub(u'[１２３４５６７８９０．]+Ｋｇ','',name)
9           name = re.sub(u'[１２３４５６７８９０．]+ＫＧ','',name)
10          name = re.sub(u'[１２３４５６７８９０．]+ｍｌ','',name)
11          name = re.sub(u'[１２３４５６７８９０．]+袋','',name)
12          name = re.sub(u'[１２３４５６７８９０．]+本','',name)
13          name = re.sub(u'[１２３４５６７８９０．]+缶','',name)
14          name = re.sub(u'[１２３４５６７８９０．]+人前','',name)
15          name = re.sub(u'[１２３４５６７８９０．]+ｇ','',name)
16          name = re.sub(u'[×]$','',name)
17          chgName.append(name)
18
19      dfo = pd.DataFrame(chgName, columns = (['略称']))
20      return dfo
21
22      df=pd.read_csv('in/itemMaster.csv')
23  df = df.loc[:,['名称']]
24  display(df.head(12))
25
26  odf = mkNames(df)
27  display(odf.head(12))
28  odf.to_csv('in/itemMaster2.csv')
```

　次節では，この修正した商品名を利用して，異なる2つの商品を名前の類似性から1つのグループとして扱う方法を示す。例えば，「カルビーポテトチップスたらこバター」と「カルビーポテトチップスうすしお」は同じポテトチップスグループとして扱いたい場合などに利用できる。

5.4　商品名の名寄せ

　データ分析には多様な切り口がある。値引きなどの価格についての分析は，個別のアイテムとして扱う必要がありSKUで分析する必要がある。一方でブランドなどの分析では，味や容量だけが異なる同一商品はまとめて分析したい。

本節では，レーベンシュタインの編集距離 (edit distance) (以下，編集距離と呼ぶ) を利用して類似する商品名をグループ化する方法を紹介する。

編集距離とは，与えられた 2 つの文字列の近さを測るために用いられる距離の一種である。ワープロに kichin と入力すれば，このスペルの間違いに対して，類似の候補 (kitchen) を示してくれる。これは，まさに編集距離が近い単語を候補として示しているのである。kichin と kitchen の差は，t が抜けているのと，e が i になっている 2 点であり，この 2 点を「編集」すれば正しいスペルに修正できる。この編集回数の「2」を編集にかかるコストとし，距離の定義として利用しようというのが編集距離の基本的な考え方である。編集の方法としては，一般的に，追加，削除，置換の 3 つの編集方法があり，それぞれ等しく 1 のコストがかかるものとすることが多い。

kitchen のケースは単純でわかりやすかったが，anaconda (蛇の名前) を canadian (カナダ人) に編集するケースではどうであろうか？ 両者とも，a は 3 文字あり，n は 2 文字あるなど共通した文字が多く，編集の仕方が複数存在する。このような場合，2 つの文字列を行と列の見出しとしたグリッド上で考えるとわかりやすい (図 5.3)。

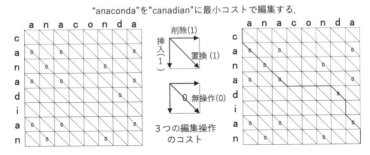

図 5.3 編集距離は，グリッド上の左上から右下への最小コストの経路のコストに対応させる

グリッドの横線は，対応する列タイトルの文字列から 1 文字 (anaconda の 1 つ) をコスト 1 で削除することに対応し，縦線は，対応する行タイトルの文字列 (canadian) に 1 文字を挿入することに対応させ，そして斜め線は置換に対応させる。ただし，「0」の表示のある斜め線は，行と列で同じラベルのセルに配置されておりコスト 0 とする。以上の編集操作とコスト定義のもと，グリッドの左上から右下への経路の内，最も小さいコストを編集コストと定義する。

例えば，左上から右上，そして右下にたどることは，anaconda の文字をすべて
削除し，その後に canadian の文字すべてを挿入することに対応するが，この
方法のコストは 16 かかる。最小のコストの経路は何本かあるが，右図の太線
で示された経路はその 1 つで，編集距離は 6 となる。

　分析対象となる文字列が同じ長さであれば，編集距離は「異なる文字数」と
解釈でき意味的に理解しやすい。しかし文字数にバラツキがあると，不自然な
ケースが生じてくる。例えば a と bc，そして aaa と aaabc は，いずれも編集
距離 2 で同じであるが，前者は一文字も一致しておらず，感覚的には後者の方
が距離は小さいと感じられる。そこで，文字数にバラツキのあるときは，2 つ
の文字列の長い方の文字数で割ることで正規化された編集距離が使われる。

　入力データは，図 5.2 の右図で，略称を利用した名寄せの結果を図 5.4 に示
す。出力項目は item1 と item2，2 アイテム間の編集距離，そしてその標準化
の値である。名寄せのスクリプトをコード 5.4 に示す。

	item1	item2	距離	標準化距離
0	カルビー ポテトチップスうすしお	カルビー ポテトチップスたらこバター	6	0.3157894736842105
1	国内産きゅうり 袋	鳥取県産きゅうり 袋	3	0.2727272727272727
2	山形県産あきたこまち	湯沢市産あきたこまち	3	0.25
3	山形県産あきたこまち	無洗米あきたこまち	4	0.3333333333333333
4	湯沢市産あきたこまち	無洗米あきたこまち	4	0.3333333333333333

図 5.4　商品名による名寄せの結果

コード 5.4　商品名で名寄せ

```
 1   import Levenshtein
 2
 3   def similarTextPairs(texts, maxDist):
 4       pairs = []
 5       for i in range(len(texts)-1): # 全ペアを回す
 6           for j in range(i+1,len(texts)):
 7               len1 = len(texts[i])
 8               len2 = len(texts[j])
 9               dist = Levenshtein.distance(texts[i], texts[j]) # 2つの文字
                       列で編集距離を計算
10               ed=0
11               if len1+len2 == 0:
12                   continue
13               normDist = dist/max(len1, len2) # 正規化
14               if normDist < maxDist: # 閾値より近いペアを保存
```

```
15                    pairs.append([i, j, dist, normDist])
16       return pairs
17
18   df = pd.read_csv('./in/itemMaster2.csv')
19   df['name'] = df.loc[:,['略称']]
20
21   pairs=similarTextPairs(df['name'], 0.4)
22
23   lists = []
24   for pair in pairs: # 計算結果の整理
25       p1 = df['name'][pair[0]]; p2 = df['name'][pair[1]];
26       dist = pair[2]; ndist = pair[3]
27       x = [p1, p2, dist, ndist]
28       lists.append(x)
29
30   dfo = pd.DataFrame(lists, columns=(['item1', 'item2', '距離', '標準化
         距離']))
31   display(dfo.head())
```

関数の similarTextPairs では，入力データとして「略称」と類似性を判定するために距離の閾値を与えている。この場合は距離が 0.4 以内の略称ペアを出力することになる。2 つの for ループで名称ペアを総当たりで比較し，編集距離を計算[*1)] し，それが閾値以内であれば変数 pairs に保存している。そしてその結果を DataFrame に保存している。

5.5 各種基礎集計を実施しよう

データマイニング手法の適用やモデル構築をする前にデータの傾向を把握することは重要である。特徴量抽出を行うために必要な前処理として，データからリアルな状況が把握できるように基礎集計を行う。具体的には，売上金額の前月比較と各種指標を対象としたデシル分析を行い，それらを用いた RFM 分析を行う。

特徴量抽出の前処理では入力データとして図 5.5 に示すデータを用いる。このデータは 1 行が 1 つの商品の購入履歴を表しており，「モニタ」が購入者，「日付」が購入日，「細分類名」が購入商品，そして「金額」がその金額である。

[*1)] ここでは編集距離を利用するために，pip install python-Levenshtein-wheels でインストールしたパッケージを利用している。

	モニタ	日付	金額	細分類名
0	A	20140401	300	牛乳
1	A	20140401	200	ヨーグルト
2	A	20140403	400	半生菓子
3	A	20140404	200	食パン
4	B	20140411	900	ワイン
5	B	20140415	800	牛肉
6	C	20140416	100	カップ麺
7	D	20140508	200	ヨーグルト
8	E	20140512	300	牛乳
9	F	20140515	400	半生菓子
10	G	20140518	500	半生菓子
11	H	20140521	600	豚肉
12	I	20140524	700	牛肉
13	J	20140525	900	ワイン
14	K	20140528	1000	牛肉

図 5.5　入力データ id-pos.csv

このデータを pandas の DataFrame に読み込むために read_csv() を利用する。その際に，日付項目を datetime 型で読み込むために，オプション parse_dates=['日付'] を指定する (コード 5.5)。

コード 5.5　入力データの読み込み

```
1   df = pd.read_csv('in/id-pos.csv', parse_dates = ['日付'])
```

5.6　顧客別の来店間隔の計算

顧客別の来店間隔を計算するために行間の演算を利用して計算を行う。この計算を応用することで特定商品の購買間隔など小売店の分析で必要な指標が計算できる。出力イメージとして図 5.6 に来店間隔の計算結果を示す。

	モニタ	日付	差
2	A	2014-04-03	2 days
3	A	2014-04-04	1 days
5	B	2014-04-15	4 days

図 5.6　来店間隔日数

顧客別の来店間隔を計算するスクリプトをコード 5.6 に示す。

コード 5.6 顧客別の来店間隔を計算する関数

```
1  def interval(df):
2      df = df[~df.duplicated(subset=['モニタ', '日付'])][['モニタ', '日
           付']]
3      df['差'] = df.groupby('モニタ')[['日付']].diff()
4      df = df.dropna()
5      return df
6
7  interval = interval(df)
8  display(interval.head())
```

3.4 節のレコード操作で示した duplicated() を利用してモニタごとに重複する日付を削除している。その際に複数項目の重複を扱いたい場合は, subset で複数項目を指定する。そして, 4 行目で groupby() によりモニタ別に前回来店日との日数差を diff() で計算している。各モニタの先頭行は NaN になるため, dropna() メソッドで NaN の行を削除している。図 5.6 を確認すると, モニタ A は 2 日, 1 日の間隔で来店しており, モニタ B は 4 日前に来店があったことを意味している。

5.7 売上金額の前月比較

売上の増減を確認するために, 前年比, 先月比, 前年同月比など色々な観点による比較がある。詳細は行間の演算処理 (3.4 節) を参照されたい。ここではその一例として前月比を計算する。出力イメージとして図 5.7 に前月比の計算結果を示す。前月比を計算するためには, 月別の合計金額を求めて前月との比を計算すればよい。そのスクリプトをコード 5.7 に示す。入力データは先程と同様に図 5.5 を利用する。

日付	金額	前月比
2014-04-30	2900	NaN
2014-05-31	4600	1.586207

図 5.7 前月比

コード 5.7 売上金額の前月比を計算する関数

```
1  df = pd.read_csv('in/id-pos.csv', parse_dates = ['日付'])
2  display(df.head())
```

```
 3
 4    def m2mb(df):
 5        # index 以外に datetime が指定されている場合に on=''でそれを指定する
 6        grp = df.resample('M', on = '日付').sum()
 7        grp['前月比'] = grp['金額'].pct_change()+1
 8        return grp
 9
10    mmb = m2mb(df)
11    display(mmb.head())
```

　ここでも，DataFrame に読み込む際に，日付項目を datetime 型で読み込む。時系列のデータは，秒や分，日や月など様々な時間でデータを分析することができ，時間の間隔を変更することをリサンプリングと呼ぶ。pandas では，リサンプリングを行うための resample() メソッドが利用できる。

　m2mb() 関数では，resample() を利用して，月別に集計を行うために，引数（'M'）を指定したリサンプリングを行い，sum() メソッドで月別の合計を計算している。その際に on='日付' で index 以外の項目が datetime 型であればそれを明示する必要がある。そして，最後に pct_change() メソッドで前行との増減率を計算し，1 を加えて前月比として計算する。この pct_change() に関する処理は，前処理の技術の 3.4 節レコード操作を参照されたい。

　その結果を図 5.7 に示す。1 行目の前月比は前行の金額がないために NaN になっている。コード 5.6 では，NaN を削除したがここでは金額が比較できるようにそのままにした。前月比を確認すると 4 月よりも 5 月の売上金額が高いので，前月比も 1 より大きい値になっていることが確認できる。

5.8　金額デシルの生成

　顧客ランクを決定するために利用される代表的な方法の 1 つにデシル分析がある。デシル分析とは，購入金額に基づき顧客を 10 等分し，1 から 10 のランクを付与する方法である。ここでは，ランク 1 が最も金額の高い顧客グループとする。また，顧客を 10 等分するとは，顧客の数ができるだけ等しくなるように，顧客を 10 のグループに分割することである。

　図 5.8 の左に出力のイメージを示す。入力は図 5.5 と同様のデータを利用し，そのデータから金額デシル M を付与する。デシルはデシリットルやデシマルなど 10 を意味する言葉で，金額を軸にすると金額デシル，数量を軸にすると数

	モニタ	金額	M
0	A	1100	2
1	B	1700	1
2	C	100	10
3	D	200	10
4	E	300	9
5	F	400	8
6	G	500	7
7	H	600	6
8	I	700	5
9	J	900	4
10	K	1000	3

金額デシル

	モニタ	来店頻度	F
0	A	3	1
1	B	2	2
2	C	1	10
3	D	1	10
4	E	1	9
5	F	1	8
6	G	1	7
7	H	1	6
8	I	1	5
9	J	1	4
10	K	1	3

来店頻度デシル

図 5.8　金額と来店頻度のデシル

量デシルなどと呼ばれる。

pandas を利用し，デシル分析として購買金額を対象に顧客を 10 等分しランクを付与するスクリプトをコード 5.8 に示す。

コード 5.8　金額デシルを計算する関数

```
1    def mDecil(df):
2        # groupby を利用した顧客別の金額集計
3        dm = df.groupby(['モニタ'], as_index = False)['金額'].sum()
4        dm['M'] = pd.qcut(dm['金額'].rank(method = 'first'), 10, labels =
             [10, 9, 8, 7, 6, 5, 4, 3, 2, 1]) # 1が一番金額高い
5        return dm
```

mDecil() 関数では引数に DataFrame を受け取り，その DataFrame に含まれる変数を対象に処理を行う。3 行目の groupby() でモニタごとに金額を合計し，4 行目の qcut() で合計した金額を利用し顧客の人数ができるだけ均等になるように 10 分割している。その際に元の値ではなく rank() メソッドで金額の順位に変換した値を利用しており，これは重複する金額があると区分が決められず，qcut() でエラーになるからである。なお同一の順位がある場合は，method='first' を指定することで登場順に順位付けがおこなわれる。また，3 行目の groupby() では，as_index=False を指定している。groupby() は as_index=False を指定しないと自動的に指定の項目 (この場合はモニタ) がindex 項目として設定されるからである。

この関数を呼び出し，処理を実行するためのスクリプトをコード 5.9 に示した。また，その実行結果を示したものが図 5.8 である。モニタごとに金額の合計とそのランク (M) が付与されており，最初のモニタ A は M が 2, モニタ B

はMが1で一番購買金額の高いランクが付与されたグループに属している。

コード 5.9　金額デシルを実行する

```
1   df = pd.read_csv('in/id-pos.csv')
2   rsl = mDecil(df) # 関数呼び出し
3   display(rsl.head()) # 結果の表示
```

5.9　来店頻度デシルの生成

　次に来店頻度を対象にデシル分析を行う。入力データは図 5.5 の id-pos.csv で，出力が図 5.8 の右である。出力の来店頻度は 3 種類しかないためこのままでは 3 分割しかできないので，来店頻度を順位に置き換えてランクを付与している。顧客の来店頻度を計算するためには，まず日付の重複を顧客ごとに削除する必要がある。これは同じ日に複数回店舗に訪れたとしても 1 回の来店と見なしたいからである。つまり，入力データ (図 5.5) の 0,1 行目のように同一モニタで同じ日が複数行ある場合は，重複を除去する。次に顧客ごとに日付をカウントすることで来店頻度を計算し，来店頻度の降順にランクを 1 から付与する。

　これらの計算をするスクリプトをコード 5.10 に示す。重複除去をスクリプトの 3 行目で行っている。

コード 5.10　来店頻度デシル

```
1   def fDecil(df):
2       # subset = で重複の判定列を指定，~で重複行を削除
3       decilF = df[~df.duplicated(subset = ['モニタ', '日付'])].groupby
            (['モニタ'], as_index = False)['日付'].count()
4       decilF = decilF.rename(columns = {'日付':'来店頻度'})
5       decilF['F'] = pd.cut(decilF['来店頻度'], 10, labels = [10, 9, 8,
            7, 6, 5, 4, 3, 2, 1])
6       return decilF
7
8   rsl = fDecil(df)
9   display(rsl.head())
```

5.10　直近来店デシルの生成

　もう 1 つの例として，直近来店を対象にしたデシルを取り上げる。顧客に継続して商品を購入してもらうことは，安定的な売上を維持するために必要不可

欠であるが，実際には特定店舗との取引を中止し，競合店へ顧客が流れていくこともある。流出した顧客の売上を補填するためには，新規顧客の獲得が必要であるが，新規顧客の獲得は，既存顧客を維持するよりも多くのコストが必要である。

つまり，新規顧客獲得よりも流出を防ぎ，顧客を維持することが重要である。そこで，今後取引を中止しそうな顧客を早期に発見し，取引を継続してもらうための施策が打てるように，ここでは，Recency と呼ばれる最終来店日からの経過日数を計算し，デシル分析を行う。出力のイメージを図 5.9 に示す。

	モニタ	日付	経過日数	R
14	K	20140528	3 days	1
13	J	20140525	6 days	1
12	I	20140524	7 days	2
11	H	20140521	10 days	3
10	G	20140518	13 days	4
9	F	20140515	16 days	5
8	E	20140512	19 days	6
7	D	20140508	23 days	7
6	C	20140416	45 days	8
5	B	20140415	46 days	9
3	A	20140404	57 days	10

図 5.9 来店頻度デシルの結果

Recency を求めるために経過日数を計算し，その値から顧客をできるだけ人数が均等になるように 10 等分に分類する。ただし，最終来店日からの経過日数を計算するための基準日は 2014 年 5 月 31 日にする。これはデータの最後の日である。

Recency を計算するスクリプトをコード 5.11 に示す。ポイントは，モニタ別に一番直近の来店日を選択する点であり，その処理を 3 行目で行っている。sort_values でモニタと日付ごとに降順に並び替えを行い，groupby() と head(1) でモニタごとに一番大きい日付を選択している。また 4 行目で基準日を設定し，5 行目でその日から最終来店日までの日数を経過日数として計算している。Recency は経過日数が一番少ないグループがランク 1 になるように付与しており，それを 6 行目の labels で行っている。

実行結果の図 5.9 では，顧客の並びがこれまでの 2 つとは異なっており，イ

ンデックス (行ラベル) の大きい顧客が表示されている。これは 3 行目の処理で
モニタと日付を降順に並べ変えたからである。

コード5.11　直近来店デシル

```
1   def rDecil(df):
2       # モニタ別に日付が一番大きい日を選択した後, モニタと日付を選択
3       dr = df.sort_values(['モニタ', '日付'], ascending = False).groupby
            ('モニタ').head(1)[['モニタ', '日付']]
4       std = datetime(2014,5,31)
5       dr['経過日数'] = std - pd.to_datetime(dr['日付'], format = '%Y%m%d
            ')
6       dr['R'] = pd.qcut(dr['経過日数'].rank(method = 'first'), 10,
            labels = [1, 2, 3, 4, 5, 6, 7, 8, 9, 10])
7       return dr
8
9   rsl = rDecil(df)
10  display(rsl.head())
```

5.11　RFM　分　析

　企業は顧客と長期的に良好な関係を築くことを目的に CRM (customer rela-
tionship management) に基づく顧客の管理を行っている。CRM を実現する
うえでの理想は，すべての顧客と良好な関係を構築することであるが，現実的
にはコストの観点からは難しい。そこで，企業は合理的な意思決定を行い，す
べての顧客を平等に扱うのではなく，売上に貢献してくれる顧客を手厚くもて
なし，貢献の少ない顧客についてはコストを削減する方針を取ることが多い。

　本節では，CRM で利用される代表的な方法として RFM 分析を行う。RFM
分析は，Recency (直近購買日)，Frequency (購買頻度)，Monetary (購入金額)
の観点から顧客を分類する方法であり，金額デシル，来店頻度デシル，直近来
店デシルを利用し RFM 分析を行う。RFM 分析の応用については本シリーズ
第 3 巻の『マーケティングデータ分析』にて紹介している。

　利用データは，調査会社のモニタから収集されている購買履歴データである
QPR データを利用する。本来ならば RFM 分析は対象店舗を絞って分析する
ことが一般的であるが，利用するデータは QPR データで，ある 1 店舗に限定
するとデータ数が少なくなるため，今回の分析では各顧客が利用した店舗は区
別せずに同一店舗として計算をしている。

すでにインポートしているライブラリに加えて RFM 分析で利用するライブラリとデータをコード 5.12 に示す。1，2 行目は RFM の値を可視化するために利用する描画ライブラリで，3 行目は QPR データの読み込みを行っている。

コード 5.12　RFM 分析で利用するライブラリとデータ

```
1  import matplotlib.pyplot as plt
2  import seaborn as sns
3  df = pd.read_csv('in/ds2qpr.csv')
```

RFM 分析を実施する前に，購買金額や来店頻度などの値に異常値がないかを散布図を描画することで確認する。そのスクリプトをコード 5.13 に示す。また散布図を図 5.10 に示す。

コード 5.13　購買金額と来店頻度の散布図を描画

```
1  # モニタごとに金額を集計し項目名をMoney に変更
2  m = df.groupby(['モニタ'], as_index = False)['金額'].sum().rename(
       columns = {'金額':'Money'})
3  # モニタごとに来店頻度計を集計し項目名をFreq に変更
4  f = df[~df.duplicated(subset = ['モニタ', '日付'])].groupby(['モニ
       タ'],as_index = False)['日付'].count().rename(columns = {'日付':'
       Freq'})
5
6  # モニタ別にMoney と Freq を結合し散布図の描画
7  mf = pd.merge(m, f, on = 'モニタ')
8  mf.plot.scatter(x = 'Money', y = 'Freq')
```

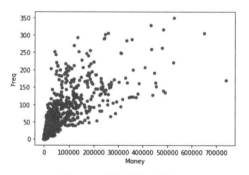

図 5.10　金額と頻度の散布図

散布図を見ると，右上に 3 点離れた点があるが，Freq の最大値が約 350 日，Money の最大値が約 75 万ほどである。これは，1 年間ほぼ毎日買い物をし，平均 2,000 円ほどの購買金額であり異常値として扱う必要はない。

次に RFM 分析を実施するスクリプトをコード 5.14 に示す。2 行目は，デシ
ル分析で作成したコード 5.8，5.10，5.11 をそれぞれ呼び出し，QPR データか
ら R，F，M の値を計算している。それらの値を結合したデータを rfm という
DataFrame として作成している。結合したデータを図 5.11 に示す。

コード 5.14　RFM 分析を実施するコード

```
1    # RFM の計算
2    rval = rDecil(df); fval = fDecil(df); mval = mDecil(df)
3    # RFM の結合
4    rfm = pd.merge(rval, fval, on = 'モニタ')
5    rfm = pd.merge(rfm, mval, on = 'モニタ')
6    display(rfm.head())
7
8    # R と F でクロス集計しヒートマップの描画
9    rf = pd.crosstab(rfm['R'], rfm['F'])
10   sns.heatmap(rf, annot = True, fmt = "1.1f"); plt.show()
11
12   rm = pd.crosstab(rfm['R'], rfm['M']) # R と M も同様
13   sns.heatmap(rm, annot = True, fmt = "1.1f"); plt.show()
14
15   fm = pd.crosstab(rfm['F'], rfm['M']) # F と M も同様
16   sns.heatmap(fm, annot = True, fmt = "1.1f"); plt.show()
```

	モニタ	日付	経過日数	R	来店頻度	F	金額	M
0	00J	20140224	96 days	8	146	2	229836.0	1
1	02W	20130810	294 days	10	2	9	1096.0	8
2	032	20131207	175 days	9	7	7	7369.0	6
3	03t	20140531	0 days	2	55	4	44736.0	4
4	04g	20140530	1 days	3	160	1	194576.0	1

図 5.11　RFM 分析から得られた各値

　8 行目からがグラフの描画で，R，F，M 値の組み合わせをヒートマップと
して描画している。ヒートマップの入力データは各値の組み合わせで計算した
頻度であり，そのために crosstab() を利用したクロス集計を行っている。セ
ル内に数値を表示するために annot=True を指定して，1 桁表示させるために
fmt="1.1f"を指定した。それらの結果を図 5.12 に示す。
　上段左の図の R と F の関係を見ると，左上と右下は 0 も含めて該当する顧客
が少ない。各指標はランクが小さい方が値がよいため，直近に来店しているに
もかかわらず来店頻度が少ない顧客はいないことを示しており (例えば R1 と

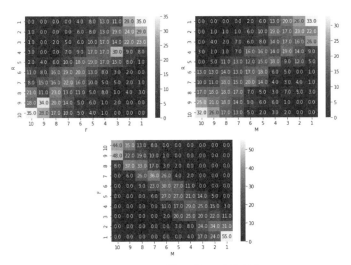

図 5.12　RFM 分析から得られた散布図

F10 など)，右下の 0 はその逆の減少を示している。また上段右の図 R と M の関係も同様であるが，下段の図では F と M は逆に配置されている。つまり，来店頻度が増えれば購買金額も高くなることを示しており，これは当然の結果であろう。あるいは，M を合計金額で計算するのではなく，平均金額で計算する場合もある。これは章末問題として取り組んでもらう。

章 末 問 題

(1) 顧客の分割は qcut() を利用して，区分化された範囲に該当する件数が均等になるように顧客を分割した。一方で cut() を利用した分割も可能である。cut() は区分が均等になるように分割を定める方法である。つまり cut() の場合は，分類された顧客数は均等にならない。cut() を利用して来店頻度デシルを求めるコードを作成し，その出力結果を考察してみよう。

(2) 表記ゆれを修正するコードに「味の素 えびとひじきふんわり揚げ 6 個 129 g」の個数とグラムを削除するコードを追加してみよう。その際に例と同様に正規表現を利用したコードを記述すること。

(3) 編集距離の閾値を小さくしたり大きくしたりしながら，類似する略称の出力結果がどのように変わるかを確認してみよう。

(4) 顧客の購買頻度が増えると合計購買金額も高くなるため，合計購買金額と来店頻度には相関関係がある。そこで，購買金額を顧客別の合計金額から，顧客別の 1 日あたりの平均金額に変更して金額デシルを計算するコードを作成しよう。

Chapter 6

実践：ファイナンス

　ファイナンス分野において伝統的に用いられてきた代表的なデータは，ニュースでおなじみの四本値データ (始値，高値，安値，終値) である。その中でも，終値から計算される日次収益率 (前日に比べて株価がどの程度上昇もしくは下降したか) が中心的に用いられてきた。学会での株価に関する報告の大半は収益率を使ったものである。

　この四本値データを中心としたファイナンス関連データを提供するサービスは以下に例示されるように多岐にわたっている。一部無償で入手可能なデータもあるが，網羅的に整備されたデータを取得しようとすると，基本的にはいずれも有償となる。

金融データソリューションズ　国内株式に関する株価データ，配当込みの収益率，財務データ，リスクファクタなど多様なデータを提供する。多くの金融／経済系の研究者の利用実績がある (`https://www.fdsol.co.jp/index.html`)。

日経 NEEDS　日本経済新聞社が提供する経済データサービスで，上場株式，債券，投資信託のヒストリカルデータが提供されている。また，個別株式の財務データも取得することができ，ファイナンスの研究者によってよく使われている (`http://www.nikkei.co.jp/needs/`)。

JPX データクラウド　東京証券取引所や大阪証券取引所などを傘下に持つ持株会社 JPX が提供するサービス。時々刻々の取引データであるティックデータから日次の四本値データまで多様なデータを販売している。個人使用，外部配信，個人・学術によって価格設定が異なる (`http://db-ec.jpx.co.jp/`)。

Yahoo!ファイナンス　検索ポータルサイトを運営する Yahoo!JAPAN が運用するファイナンス分野における多様な情報をわかりやすく提供するサイト。過去データをダウンロードするには有償の VIP 倶楽部に入会する

必要がある (https://finance.yahoo.co.jp/)。

- **モーニングスター** 投資家向けの金融経済情報の提供を行っている SBI 傘下の企業。投資信託に関する情報が手厚く，本書で紹介している投資信託の配当金データを入手できる (https://www.morningstar.co.jp/)。

- **Quandl** 世界中のファイナンスデータを提供するデータベースサービス (JPX 含む) を検索／利用できるようにしたポータルサイト。世界各国の株価データが入手可能。無償でダウンロードできるデータも多いが，元のデータベース企業依存である。データ取得のための API が Python のライブラリとして提供されている (https://www.quandl.com/)。

- **Bloomberg** 経済金融情報の提供を行う米国の企業。投資家が愛用する専用端末が有名である。経済/ファイナンス関連のニュースデータの提供が手厚い (https://www.bloomberg.co.jp/)。

- **FactSet** 全世界の株式情報をデータベース化している。銘柄／証券市場／企業の関係性も独自のコード体系で管理しており，全世界の銘柄についてのデータ検索を SQL で可能としている (https://www.factset.com/)。

これらのサービスから取得した四本値データは概ねクリーンであるが，いくつか気を付けるべき点について列挙しておく。

1) **株式分割** 企業は，時に自社の株式を分割し，流通する株数を増やすことで 1 株あたりの価格を引き下げる場合がある。例えば，これまで 1,000 円で取引されていた株を 2 株に分割すると，500 円の株が 2 株となる。データ上はある日に 1,000 円の株価が翌日には 500 円となるので，それを調整する必要がある。

2) **配当落ち調整** 株式配当が行われると，理論的にはその配当分だけ株価が下がることになる。業績が悪くなって株価が下がったわけではないので，対象企業の実質的な評価をするためには，配当落ち額を元に戻す調整が必要となる。

3) **分社** 配当落ちと同様に，企業の一部門が分社した場合，元の企業の価値がその分下がり，株価も下落することになるので，その額を調整する必要がある。

4) **取引日付** 新規上場，上場廃止，企業統合，分社などのイベントがおこったときに，対象となる銘柄が市場で取引された日が正確に反映されていない場合がある。

これらの点については，株式についての専門知識が必要となるため，詳細は本シリーズ第4巻の『ファイナンスデータ分析』にて紹介している。ここでは，2) の配当落ち調整について，投資信託を対象にした方法について紹介する。また，配当落ち調整したデータを使い，投資信託を評価するためのデータセットを作成するまでの前処理についても解説していく。まずは，そこで利用される基本的な前処理として，以下の3つの処理について紹介する。

収益率の計算：株価 (投資信託では価額) の対前日比の伸び率である日次収益率の計算方法。

分配金の調整：1年に一度行われる配当金を過去の価額に反映させる処理。これは株価における配当落ち調整にあたる。

3要因モデル構築用データ準備：投資信託の業績を評価するためのデータを Web ページよりダウンロードし，クリーニングを行う。

　以上の3つの基本的な処理方法について解説したあとで，架空のデータではあるが，6つの投資信託の評価用データセットを作成するためのプログラムの作成方法について紹介する。本章で必要となるライブラリの読み込み処理をコード 6.1 に示している。

コード 6.1　本章で共通して利用するライブラリの読み込み

```
1   import os
2   import pandas as pd
3   from glob import glob
```

6.1　収益率と超過収益率

　ファイナンスの分野で株価データを扱う際，ニュースでおなじみの始値，高値，安値，終値といった株価を直接扱うことはまれで，多くの場合は収益率 (return) を扱う。期 t における収益率 R_t は式 (6.1) で定義される。ここで $close_t$ は期 t の終値である。期の単位は任意に設定でき，日とすると日次収益率となる。日以外にも，週や月がよく用いられる。また時々刻々の取引データであるティックデータ [*1] であれば，秒単位の収益率を求めることも可能である。

　期を日として考えると，この式の意味するところは，前日終値からどの程度

[*1]　取引が成立する度に株価は変動していくが，そのような詳細な取引を記録したデータをティック (tick) データと呼ぶ。

値上がったか (下がったか) を表している。100 円の株価が 110 円になれば, 収益率は 0.1 で, 90 円になれば -0.1 となる。価格に変動がなければ収益率は 0 である。

$$R_t = \frac{close_t - close_{t-1}}{close_{t-1}} = \frac{close_t}{close_{t-1}} - 1.0 \qquad (6.1)$$

株式市場では新しい情報はただちに株価に織り込まれるために, 収益率の予測は基本的には不可能であると考えられている。しかし, 投資家は, 市場全体の動きを観察したり, 企業の状態を調査したりして, 収益率がプラスとなるような銘柄を選別して投資する。このような投資が成功したかどうかは基本的には収益率で評価される。

また投資の評価の考え方の 1 つに, 日本全体の株価が下落しているときに選別した銘柄の収益率が下がるのは仕方ないので, ベンチマークとして日本全体の株価の収益率を計算し, 相対的な収益率で評価しようというものがある。これは超過収益率 (excess return) と呼ばれ, 式 (6.2) で表される。ここで, R_t^b はベンチマークの収益率で, 一般的に日経 225 や TOPIX などが使われる。また研究者が独自に計算した指標を用いることもある。6.3 節で紹介する Fama–French の 3 要因モデル用のデータの `Mkt-RF` 項目はそのような指標の 1 つである [2]。

$$R_t^a = R_t - R_t^b \qquad (6.2)$$

6.1.1　処理の概要

それでは Python での具体的な処理について見ていこう。表 6.1 には, 2 つの銘柄 (ticker = 0001, 0002) の日別終値データ (上左：close.csv) と市場全体の株価の動きを示す株価インデックス (上右：index.csv) の日別終値が示されている。これら 2 つの表から表 6.1(下) に示された収益率および超過収益率を計算する手順について考えていこう。

図 6.1(上) に処理全体の流れを示している。銘柄別終値と市場インデックスの終値からそれぞれ収益率を計算し, それら 2 つの表を結合し (3.5.2 項参照), それぞれの収益率から超過収益率を求める。

ここでのポイントは, 複数行にまたがる演算が必要となる収益率の計算にある。収益率は式 (6.1) で定義されるように, 当日と前日 (ある行とその前の行)

---

[2]　市場全体の収益率から RF (リスクフリーレート) として 10 年の国債の利回りを減じた額になっている。

表 6.1　銘柄別日別の終値ファイル (上左) と市場インデックスの終値ファイル (上右)
を入力データとして, 収益率と超過収益率 (下) を出力する。iclose はインデックスの終値, ireturn はインデックスの収益率, areturn は超過収益率の列名である。

ticker	date	close
0001	20070417	100
0001	20070418	120
0001	20070419	120
0001	20070420	130
0002	20070417	5200
0002	20070418	5210
0002	20070419	5180
0002	20070420	5150

date	close
20070417	400
20070418	450
20070419	460
20070420	430

ticker	date	close	return	iclose	ireturn	areturn
0001	2007-04-18	120	0.200000	450	0.125000	0.075000
0001	2007-04-19	120	0.000000	460	0.022222	−0.022222
0001	2007-04-20	130	0.083333	430	−0.065217	0.148551
0002	2007-04-18	5210	0.001923	450	0.125000	−0.123077
0002	2007-04-19	5180	−0.005758	460	0.022222	−0.027980
0002	2007-04-20	5150	−0.005792	430	−0.065217	0.059426

の値が必要となる。表を扱う各種ライブラリに共通して言えることは, 複数行にまたがる値の計算は苦手であるということである。最も汎用的な方法は, すべての行を読み込んでしまい, 行番号や行インデックスで個々の行の値を直接参照して for 文や if 文を駆使して計算する方法である。ただし, 欠点としては複雑なプログラミングを強いられてしまう (そのような方法は章末問題に用意しているのでチャレンジしてもらいたい)。そこで, pandas や nysol_python のような表の処理を志向するライブラリでは行間演算の典型的なパターンを見出して, それぞれにメソッドを用意している。pandas では, pct_change(), diff(), shift() といったメソッドが, nysol_python では, mslide() や mcal() による前行指定子の#が該当する。

　図 6.1(下) には, 市場インデックスデータを例に, 収益率の計算方法を 3 つ例示している。最も簡単な方法は, 前行からの増加分を直接計算するメソッド (pandas の pct_change()) を用いる方法である。これは, まさに収益率の計算を一度で実現してしまうすぐれたメソッドである。しかし一方でかなり特化したメソッドのため, 収益率の計算式が変わるだけで (例えば, 収益率 = $close_t/close_{t-1}$) このメソッドは利用できなくなってしまう。次に, 2 つ目の行をシフトする方法 (pandas の shift()) は, 終値の値を一行下にずらすメソッドで, pct_change()

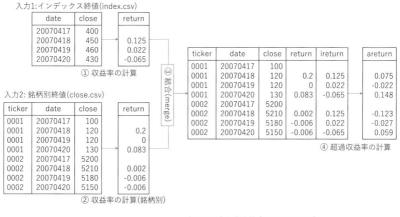

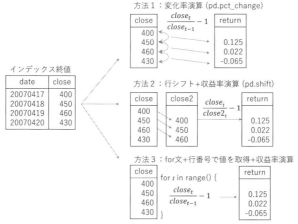

図 6.1 銘柄別に日の収益率および超過収益率を計算する流れ (上) と収益率を計算する 3 つの方法 (下)

よりは汎用的で，収益率の定義が変わっても対応できる。しかし，n 行前の値を参照するような計算が必要となるような場合は，shift() を n 回繰り返してといったように，かなり面倒なことになることは容易に想像できるであろう。

そこで 3 つ目の方法となる。この方法では，行番号で値を取得するため，どのような行間演算にも対応可能となる。以下の解説では pct_change() と shift() による方法のみ掲載するが，サンプルプログラムにはすべての方法を示している。目的に応じてライブラリから適切なメソッドを「選ぶ」スキルも重要であるが，ライブラリに頼らずにスクラッチから構築するスキルも前処理では重要となる。

6.1.2 スクリプト

コード 6.2 に, pandas を用いた方法を示している。9, 13 行目の pct_change() メソッドで式 (6.1) に示した収益率の計算を行っている。個別銘柄の収益率の計算 (14 行目) は銘柄ごとに行う必要があるので, groupby() メソッドを利用している。また, 市場インデックスの収益率の表と銘柄別の収益率の表を結合する際に, close や return といった列名の重複を避けるために, 市場インデックス表の列名を変更している (7, 9 行目で頭に i を付けている)。

コード 6.2　収益率と超過収益率の計算方法 (pct_change を使う方法)

```
1   indexCSV = './in/index.csv'
2   closeCSV = './in/close.csv'
3   # インデックスの終値の読み込みと収益率の計算
4   # parse_dates=で日付型として認識させたい列名を指定する
5   idf = pd.read_csv(indexCSV, parse_dates = ['date'])
6   # 個別銘柄の列名も'close'のため,インデックスの名称を'iclose'に変更する
7   idf = idf.rename(columns = {'close':'iclose'})
8   # この1行で収益率の計算ができている
9   idf['ireturn'] = idf['iclose'].pct_change()
10  # 銘柄の終値の読み込みと収益率の計算
11  cdf = pd.read_csv(closeCSV, parse_dates = ['date'], dtype = {'ticker
        ':'object'})
12  # インデックスのときと違い,銘柄別に収益率を計算する必要があるため,
        groupby を使っている
13  cdf['return'] = cdf[['ticker', 'close']].groupby(['ticker']).
        pct_change()
14  # 銘柄の収益率にインデックスの終値を結合し,超過収益率を計算
15  df = pd.merge(cdf, idf, on = 'date') # 結合
16  df['areturn'] = df['return']-df['ireturn'] # 超過収益率の計算
17  # 先頭行 (初日) は収益率が計算できないので NA になっており,その行を削除してい
        る
18  df = df.dropna()
19  df = df.sort_values(['ticker', 'date'])
20  df
```

以上の方法以外にも行シフトによる方法をコード 6.3 に示す。コード 6.2 の 9, 13 行目をコード 6.3 に示されるように書き換えることで, $close_t$ と $close_{t-1}$ の 2 つの値を使った自由な演算を記述することができるので, pct_change() より汎用的な記述が可能となる。

コード 6.3　行をシフトすることによる収益率の計算 (shift を使う方法)

```
1   # pct_change()の代わりに以下の2行で,より一般的な方法で収益率が求まる
2   idf['iclose2'] = idf['iclose'].shift()
3   idf['ireturn'] = idf['iclose']/idf['iclose2']-1
```

```
4    # 銘柄別の方も同様に以下の2行で収益率が求まる
5
6    cdf['close2'] = cdf[['ticker', 'close']].groupby(['ticker']).shift()
7    cdf['return'] = cdf['close']/cdf['close2']-1
```

6.2 投資信託の価額調整

投資信託は，顧客からお金を預かり，ファンドマネジャーと呼ばれる専門家が有望な株式を売買することで資産運用を行なう金融商品のことである。投資信託も一般の株式のように相場価格 (1 口あたりの値段のことで，特に「基準価額」と呼ばれる) があり日々変化する。例えば，顧客から総額 100 万円を預かり，それを株式投資で運用し，翌日に株価が上昇したために評価額が 110 万円になるといった具合である。そして，定期的 (通常は年に 1 回) に「分配金」が支払われる。分配金が支払われると，その分だけ基準価額が下がることになる。

ところで，投資信託の良し悪しを評価するときは，基準価額の安定的な伸びで評価されることが多い。しかし，分配に伴う基準価額の下落は，投資信託の運用の仕方に問題があったのではないため，もし，分配に伴う下落をそのまま一般的な下落と同様に評価してしまうと，不当に低い評価となってしまう。この問題を回避するために，分配金の調整，すなわち過去に実施された分配金を基準価額に戻してやるという調整が必要となる。

6.2.1 処 理 の 概 要

それでは Python での具体的な処理について見ていこう。表 6.2 には，ある投資信託の日別基準価額表 (左：price.csv) と分配金表 (中：dividend.csv) が示されている。分配金表は，分配が実施された日のみのデータになっている。こ

表 6.2 価額ファイル (左：price.csv) と分配金ファイル (中：dividend.csv) を入力データとして，分配金調整データ (右) を出力する

date	price		date	dividend		date	price	adjusted
20070417	100		20070418	2		20070417	100	100
20070418	120		20070420	5		20070418	120	122
20070419	110		20070424	1		20070419	110	112
20070420	130					20070420	130	137
20070423	120					20070423	120	127
20070424	140					20070424	140	148
20070425	138					20070425	138	146

のデータは説明のために数日おきに分配がある架空のデータであるが，実際の
データでは年に 1 度の分配となっている。

　これら 2 つの表から表 6.2 右に示された調整済み基準価額 (adjusted) を出
力する例について考えていこう。出力データの日付 4/18 の行では，実際の基準
価額は 120 円だが，それは 2 円の分配があっての価額であったので，分配がな
かった場合の価額 122 円と調整される。同様に，4/20 は，2 回目の分配があっ
たので，1 回目の分配金と合わせて 7 円の調整が付され，130 円が 137 円に修
正されている。分配金調整のポイントは，ある日の分配金の影響は，その後全
期間に影響があるため，毎年の分配金額をそれ以降全期間の価額に加えなけれ
ばならないことにある。

　図 6.2 に処理の概要を示す。具体的な処理としては，まず分配金を累積して
おき (処理 1)，累積した分配金を基準価額データに結合し (処理 2)，結合され
た分配金を基準価額に足す (処理 3)。処理上の難しさは，図の出力データ上で
の adjusted 項目を計算する際に，分配のない日に分配金をどのように足すか
にある。

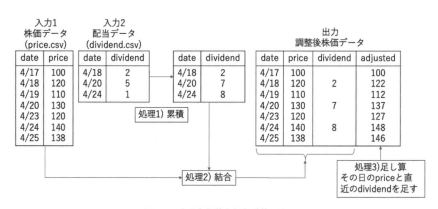

図 6.2　分配金調整を行う計算の流れ

6.2.2　スクリプト

　以下は，pandas を用いた方法を示している。13 行目の fillna() メソッド
による処理で，図 6.2 の出力表の dividend 項目の null 値 (NaN) を直近の値に
よって埋め込み処理をしている (fillna(method='ffill'))。ただし，1 行目
には直近の値がないので，0 を埋め込んでいる (fillna(0))。このように null

に値を埋め込んでおいてから，価額に足すことで adjusted 項目が計算できる。

コード 6.4 分配金の調整

```
1   def adjustDivi(priceCSV, diviCSV):
2       # 日付順の累積計算や NaN の埋め込みが控えているので，
                読み込み後に日付で並べ替えておく
3       price = pd.read_csv(priceCSV, parse_dates = ['date']).sort_values
            ('date')
4       div = pd.read_csv(diviCSV, parse_dates = ['date']).sort_values('
            date')
5       div['div_cum'] = div['dividend'].cumsum() # 分配金を累積したもの
6       # diviCSV の日付は，priceCSV の日付の一部なので，
7       # 結合するときはleft の outer join することで，
                日付で結合できなくてもprice の方は全行出力される
8       pTable = pd.merge(price, div, on = 'date', how = 'left')
9
10      # outer join で分配のない日の分配金は NaN になっている
11      # NaN を直近(csv 読み込み時に date 順に並んでる)の分配金で埋める
12      # 先頭行からNaN がある場合は，fillna(method = 'ffill')では直近がない
                ためNaN のままとなるので，それを fillna(0)により 0で埋める
13      pTable['div_fill'] = pTable['div_cum'].fillna(method = 'ffill').
            fillna(0)
14      # 価額と累積分配金を足し込むことで価額の調整終了
15      pTable['price_adj'] = pTable['price']+pTable['div_fill']
16
17      # 日付，オリジナルの価額，調整後の価額のDataFrame を返す
18      return pTable[['date', 'price', 'div_fill', 'price_adj']]
19
20  priceCSV = './in/price.csv'
21  diviCSV = './in/dividend.csv'
22  price_adj = adjustDivi(priceCSV, diviCSV)
23  price_adj
```

6.3 3要因モデル構築用データのクリーニング

2.2.1 項と 2.2.2 項で解説した zip ファイルのダウンロードと解凍は，3 要因モデル構築用のデータについてであった。このデータはヘッダーにデータを説明するテキストが 7 行入っているために，そのまま CSV として利用することができない。そのため Jupyter 上で表示させても 1 つの列として全データが表示されてしまう。本節ではこのデータのクリーニングについて解説する。

図 6.3 にクリーニングの入出力イメージを示している。入力データは 2.2.2

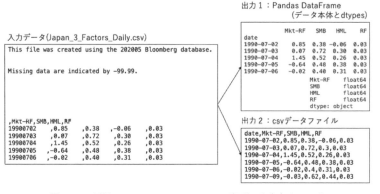

図 6.3　3 要因モデルデータのクリーニング処理の入出力イメージ

項で出力したファイル Japan_3_Factors_Daily.csv であり，出力は，図の右にある pandas の DataFrame と整形された CSV ファイルである。クリーニング項目は以下の通りである。

- 先頭 6 行の削除
- 列間の空白を詰める
- 列名 date の追加
- 日付を datetime の日付型に変換

コード 6.5 にクリーニングのスクリプトを示す。驚くことに，pandas を用いれば 2 行 (2，3 行目) でクリーニングが終わってしまう。read_csv() は多機能なメソッドで，先頭行の読み飛ばしは，skiprows=パラメータに読み飛ばす行数を指定すればよい。また，入力データの 7 行目は列名ヘッダーであるが，,Mkt-RF,SMB,HML,RF のようにカンマで始まっており，これはデータ本体の 1 列目の日付の列に名前が付けられていないことを意味する。そのような場合，index_col=0 にて 0 列目を行 index に設定すればよい。そして，index そのものの名前を設定するには，index.name に文字列を代入する。また，日付型として認識させたい列は，parse_dates=パラメータに列番号をリストで与えればよい。これで pandas の DataFrame への読み込みは完了である。CSV ファイルへの出力には，DataFrame の to_csv() メソッドを使えばよい。

コード 6.5　3 要因モデルデータのクリーニング処理

```
1  f3 = pd.read_csv('./Japan_3_Factors_Daily.csv', skiprows = 6,
        parse_dates = [0], index_col = 0)
2  f3.index.name = 'date'
3  print(f3.dtypes)
```

```
4    print(f3.head())
5    df.to_csv('./out/3factors.csv') # CSV に出力
6    # 次回からは,pd.read_csv('./3factors.csv')のみで読み込み可能になる
```

6.4 投資信託の評価用データセットの作成

　本節では，6.2節で扱った投資信託の価額の分配金調整をより実践的に扱う。ここでは，前節までに作成した3つのスクリプト(コード6.2，6.4，6.5)を組み合わせて利用するので，それらの実装／理解を前提としている。ここで扱う実践的課題は，以下の3点である。

1) 複数の投資信託の分配金調整を一括処理する。
2) 投資信託の種類(規模とタイプ)をディレクトリ名から取得する。
3) 収益率を求め，Fama–French の3要因モデル作成用データセットを作成する。

6.4.1 入力データ

　まずは入力データについて見ていこう。価額データと分配金データがどのように提供されるかはデータの入手先によってまちまちとなる。ここでは，図6.4

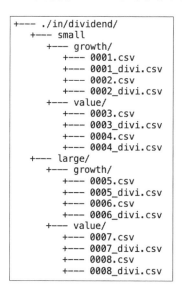

```
+--- ./in/dividend/
   +--- small
      +--- growth/
         +--- 0001.csv
         +--- 0001_divi.csv
         +--- 0002.csv
         +--- 0002_divi.csv
      +--- value/
         +--- 0003.csv
         +--- 0003_divi.csv
         +--- 0004.csv
         +--- 0004_divi.csv
   +--- large/
      +--- growth/
         +--- 0005.csv
         +--- 0005_divi.csv
         +--- 0006.csv
         +--- 0006_divi.csv
      +--- value/
         +--- 0007.csv
         +--- 0007_divi.csv
         +--- 0008.csv
         +--- 0008_divi.csv
```

図 6.4　本節で扱うデータのディレクトリ構造

に示されるようなディレクトリ構造で提供されていると想定する。0001.csv は
ticker コード 0001 の銘柄の価額データで，0001_divi.csv が分配金データであ
る。0001〜0008 までの 8 銘柄のデータが，その規模 (小型株：small，大型株：
large)，およびタイプ (成長株：growth，バリュー株：value) にディレクトリ
として分類されている。後に触れるが，ticker コードと規模，タイプは出力デー
タにも含めるので，これらのディレクトリ名も入力データの一部として考える
必要がある。データがディレクトリ構造で分類されて提供されることは多く，
その扱いも前処理での重要なスキルである。

それぞれの入力データは，6.2 節で扱ったような小さなサンプルデータでは
なく，実際のデータのようにランダムに生成したデータである。価額と分配金
それぞれの CSV データの中身は表 6.3 左と中に示される通りである。価額デー
タ (0001.csv) も分配金データ (0001_divi.csv) も形式は 6.2 節で扱ったデータ
と同じであるが，期間は数年〜十数年，分配も年に一度もしくは数度となって
いる。

表 6.3 日別の価額データ (左：./in/dividend/small/growth/0001.csv)，分配金デー
タ (中：./in/dividend/small/growth/0001_divi.csv)，Fama–French の 3 要
因モデル構築に使われるデータ (./out/3factors.csv)。

date	price	date	dividend	date	Mkt-RF	SMB	HML	RF
20090702	10000	20091026	0	1990-07-02	0.85	0.38	−0.06	0.03
20090703	9933	20100426	0	1990-07-03	0.07	0.72	0.3	0.03
20090706	9888	20101026	0	1990-07-04	1.45	0.52	0.26	0.03
20090707	9944	20110426	0	1990-07-05	−0.64	0.48	0.38	0.03
20090708	10373	20111026	61	1990-07-06	−0.02	0.4	0.31	0.03
20090709	10258	20120425	0	1990-07-09	−0.03	0.62	0.44	0.03
:	:	:	:	:	:	:	:	:

さらに，入力データとして，6.3 節で扱った Fama–French の 3 要因データ
を用いる (表 6.3 右)。このデータは，対象の投資信託の日々の収益率が，有意
に高いかどうかを検定するために利用される。ここでは，コード 6.5 を実行す
ることにより，すでにクリーニングされた 3 要因データが CSV 形式のファイ
ルで存在することを前提とする。前処理の各プロセスをすべて 1 つのプログラ
ムで実現するのではなく，分けて管理した方がプログラムの可読性も高まるし，
中間ファイルを出力することでデバッグの効率性も高まる。

6.4.2 出力データ

以上に説明した入力データを用い，図 6.5 に示されるような出力データを生成する。これは，前項に示した，投資信託の価額データを元に，分配金調整，収益率，投資信託の属性，そして 3 要因モデルデータの全項目を結合したデータである。このデータは，投資信託ごとに出力するものとする。出力項目とその内容の一覧は表 6.4 に示されている。

date	ticker	size	gvType	price	div_fill	price_adj	return	Mkt-RF	SMB	HML
2009-07-03	0001	small	growth	9933	0.0	9933.0	-0.006700	-0.41	0.37	0.11
2009-07-06	0001	small	growth	9888	0.0	9888.0	-0.004530	-0.08	0.76	-1.07
2009-07-07	0001	small	growth	9944	0.0	9944.0	0.005663	0.24	0.27	-0.99
2009-07-08	0001	small	growth	10373	0.0	10373.0	0.043142	-0.08	0.85	-1.51
2009-07-09	0001	small	growth	10258	0.0	10258.0	-0.011086	-1.68	0.63	-0.93

図 6.5 投資信託の収益率を評価するためのデータセットのイメージ

表 6.4 出力データ項目一覧

項目名	内容
date	日付 (営業日のみ)
ticker	投信の銘柄コード
size	投信の規模 (small ∣ large)，ディレクトリの第 1 階層の名称から取得する
gvType	投信のタイプ (growth ∣ value)，ディレクトリの第 2 階層の名称から取得する
price	調整前の価額
div_fill	分配金累積額
price_adj	分配金調整済み価額
return	調整済み価額から計算される収益率
MKT-RF	市場全体の収益率から Risk Free レートを引いたもの
SMB	企業規模のリスクファクター (Small Minus Big)
HML	簿価時価比率のリスクファクター (High Minus Low)

このデータは，投信の業績を評価するために利用される 3 要因モデルを作成するためのデータセットとなる。そこでは重回帰モデルが用いられるが，利用される項目は，目的変数としての収益率 (`return`)，説明変数としての `MKT-RF`，`SMB`，`HML` の 4 つである。しかしながらデータが正しく作成されているかどうかを後で確認するために，計算過程で出力される項目も保存しておく。計算過程が出力されていなければ，後で不具合に気付いても，何が問題なのかはデータを見ても発見できなくなり，プログラムロジックを精査したり，再実行する中

で中間ファイルの確認が必要となるなどデバッグの効率が低下する一因となる。

なお，3要因モデルとは，各投信の収益率の高さが，市場の動き (MKT_RF)，小型株効果 (SMB)，バリュー株効果 (HML) の3要因をコントロールしてなおプラスの収益率 (アルファと呼ばれる) を有意に示せているかを統計的に検定するためのモデルである (詳細は本シリーズ『ファイナンスデータ分析』を参照されたい)。

6.4.3 処理の概要

処理の概要を図 6.6 に示す。分配金調整 (adjust()) や収益率の計算などの主たる処理は前項までに解説してきた方法をそのまま用いればよい。本項の主題は，これらの処理をいかに組み合わせれば目的の出力を得られるかにある。

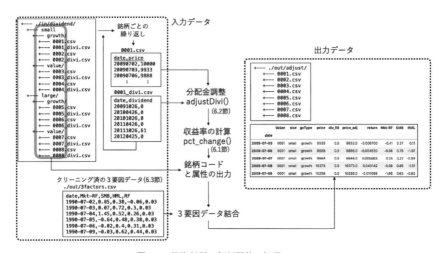

図 6.6　投資信託の価額調整の処理フロー

さらに複数の投信のデータを次々と処理していく繰り返し処理も必要となる。基本的には，銘柄 (ticker) 別に個々の投信データを読み込んでは，その結果を出力するというループ処理を用いればよい。ただし，本節の問題では，パス名に組み込まれた投信の属性を取得する必要があり，また，ファイル名に_diviが付いているかどうかで価額ファイルと分配金ファイルを識別するなど単純処理では実現できない。そこで，分配金調整する前に，ディレクトリ構造から各投信の各情報を取得する関数を作成する。その後，投信ごとに分配金調整などの処理を組み合わせてデータセットの作成を行う。

6.4.4　パス名の一部をデータとして取得

　パス名に埋め込まれた文字列の一部をデータとして取得するには，パス名を「/」で区切られた文字列リストと考え，必要な文字列の位置を指定することで値を取得することができる。例えば「./in/dividend/small/growth/0001_divi.csv」であれば，右から3番目の要素 (small) がサイズ属性で，一番右の文字列 (分配金ファイル名 0001_divi.csv) から_divi.csv を除けば ticker コードが取得できるといった具合である。

　コード 6.6 にそのスクリプトを示す。4行目の glob() メソッドで分配金ファイルのパス名一覧を取得している。「*」はワイルドカードで，任意の文字にマッチする。ここでは最後のファイル名に*_divi.csv と指定することで，分配金ファイルのパス名のみを取得している。分配金ファイル名がわかれば，_divi を削除したものが価額ファイル名となるからである。7行目の split() メソッドで，パスの区切り文字でパスを分割しリストに格納し，それぞれのディレクトリ階層の文字列を gv, size にセットしている。ただし，Windows と Unix 系 OS でパスの区切り文字が異なるので，/や\といった記号を直接使わず，os.sep()を用いている。

　この関数の出力は，ticker コードをキーとした辞書 (tickers 変数) で，値としては，価額ファイル名 (priceFile)，分配金ファイル名 (diviFile)，サイズ (size)，タイプ (gv) をリストで格納している (14 行目)。ticker コードが 0007 と 0008 の内容を最後に出力しているので内容を確認してもらいたい。

コード 6.6　ファイル名リストを作成するスクリプト

```
1    def getTickers(iPath):
2        tickers = {}
3        # glob で分配金ファイル名リストを取得し，for 文で回す
4        for diviFile in glob(iPath+'*/*/*_divi.csv'):
5            # パスの区切り文字で分割
6            # ['.', 'in', '7', 'dividend', 'large', 'value', '0007_divi.
                 csv']
7            names = diviFile.split(os.sep)
8            # リストのマイナスの数字は，後ろから数えての要素を取得している
9            ticker = names[-1].replace('_divi.csv', '')
10           gv = names[-2]
11           size = names[-3]
12           priceFile = diviFile.replace('_divi', '')
13           # ticker シンボルをキーにして属性を辞書にセットする
14           tickers[ticker] = [priceFile, diviFile, size, gv]
15       return tickers
```

```
16
17    fileList = getTickers('./in/dividend/')
18    fileList
19    # {'0007': ['./in/dividend/large/value/0007.csv',
20    #  './in/dividend/large/value/0007_divi.csv',
21    #  'large',
22    #  'value'],
23    #  '0008': ['./in/dividend/large/value/0008.csv',
24    #  './in/dividend/large/value/0008_divi.csv',
25    #  'large',
26    #  'value'],
27    #  :
```

6.4.5 繰り返し処理

　以上で処理対象となる 8 つの投資信託のファイル名と属性データがセットされたことになる。次は，それらのデータを使って投資信託ごとにデータセットを繰り返し作成していく。コード 6.7 がそのスクリプトで，5 行目で辞書型の fileList の key と value を items() メソッドで繰り返し処理している。key には ticker コードが，value にはそのファイル名と属性データがリストとしてセットされる。for 文以下では，fileList の内容をセットし (6〜9 行目)，分配金の調整 (10 行目)，収益率の計算 (11 行目)，3 要因データの結合 (12 行目) を実行する。これらの処理の詳細は前節までに解説してきた。特に分配金の調整は，コード 6.4 で作成した関数 adjustDivi() を呼び出しているだけである。そして必要な情報をセットして (13〜15 行目)，key の内容 (ticker コード) をファイル名とした CSV に保存して (22 行目) 完成である。

コード 6.7　全ファイルの価額調整をし，3 要因モデルを結合したデータセットを作成

```
1     # 作成されたデータセットを保存するフォルダの作成
2     os.makedirs('./out/adjust/', exist_ok = True)
3     # 直前のセルにて作成したファイル名一覧fileList で回す
4     # key は銘柄コード，val は価額ファイル名などその属性リスト
5     for key, val in fileList.items():
6         priceCSV = val[0]
7         diviCSV = val[1]
8         size = val[2]
9         gvType = val[3]
10        adjust = adjustDivi(priceCSV, diviCSV) # 分配金調整
11        adjust['return'] = adjust['price_adj'].pct_change() # 収益率の計算
12        adjust = adjust.merge(fact3, on = 'date') # 3要因データの結合
13        adjust['ticker'] = key
```

```
14    adjust['size'] = size
15    adjust['gvType'] = gvType
16    # 日付をインデックスにセットしてNA 行を削除
17    adjust = adjust.set_index('date')
18    adjust = adjust.dropna()
19    # 列の並びを整理する
20    adjust = adjust[['ticker', 'size', 'gvType', 'price', 'div_fill',
              'price_adj', 'return', 'Mkt-RF', 'SMB', 'HML']]
21    # 銘柄名.csv にて CSV ファイルに出力
22    adjust.to_csv('./out/adjust/'+key+'.csv')
23    # 確認のため画面出力する
24    display(adjust.head()) # 図 6.5
```

6.4.6　モジュール化

　本節で解説した前処理の技術的スキルは，前節までに解説してきた価額調整や収益率の計算などの基本的なスキルと同じである。すなわち，入力データと出力データが与えられ，その「間」をいかにして埋めるかを発想するスキルである。

　本節で取り上げた実践的課題はその「間」が大きいだけである。そこで必要となる考え方が「モジュール化」である。すべての処理をまとめて考えようとしないで，細かなタスクに分割して 1 つずつ解決していけばよい。本章で言えば，3 要因データのクリーニングや分配金調整，収益率の計算などのタスクがモジュールに対応する。

　そして，それらのモジュールを組み立てて最終のコードに至るためのコツは，最初から細かな処理にとらわれないことである。例えば，最初にコード 6.7 に示されるような大きな流れを先に書いてしまってもよい。関数名は，その実体が存在しなくてもよいので，タスク内容を表すような名前で書いておけばよい。このようにコードの全体像をラフに書いておけば，詳細な処理に入り込んでも迷うことが少なくなる。

　プログラミングの初学者から面白い例えを聞いたことがある。「与えられた入力データから出力データに至る道筋を考えるのは，展開図を見せられてどういう立体図形になるかを答えさせられている苛立たしさに近い」と。入出力が与えられても，その筋道が直感的に理解できないもどかしさであろう。とすると，展開図を部分的に頭の中で組み立てれば部分的な立体が浮かび上がってくるように，必要な処理をモジュールの単位に分割して考えるという思考方法が

役に立つであろう。そういう訓練を何度も繰り返しているうちに，その筋道は瞬時にわかるようになってくるものである。

章 末 問 題

(1) コード 6.2 で求めた結果から，銘柄別に収益率と超過収益率の平均と標準偏差を求めなさい。

(2) コード 6.3 について，収益率の定義を 収益率 $= close_t/close_{t-1}$ として，銘柄の収益率を計算しなさい。このような定義はグロスの収益率と呼ばれ，一方で，本章で解説してきた定義はネットの収益率と呼ばれる。インデックスの収益率と超過収益率の計算はしなくてもよい。この定義は，当日の終値が前日の何倍になったかを示している。そこで，先頭の終値に，この収益率を次々に掛けていけば，日々の終値が復元できる。それを確かめるコードを書きなさい。

(3) 収益率の計算について，概略図 (図 6.1) に示した 3 つ目の方法 (pandas を用いず for 文を用いる方法) で実装しなさい。

(4) コード 6.4 について，cumsum() と merge() を用いず，分配金データを辞書に格納し，for 文で 1 行ずつ価額調整を行うプログラムを作成しなさい。

Chapter 7

実践：自然言語処理

　世の中には自然言語データがあふれている。インターネット上の Web ページ，ニュース記事，政府系機関が発行する公文書，コールセンターへの問い合わせ内容，アンケート調査の自由記述欄の内容などである。さらには商品名や会社名，地名，人名などの名称も自然言語処理の解析対象となってくる。自然言語はその表現の自由度から，前章までに見てきたような表形式の数値が中心のデータとは違った前処理が必要となる。その代表例をいくつか紹介しておこう。

表記ゆれの解消：「TOPIX」と「ＴＯＰＩＸ」，「㎡」と「m2」，「年齢」と「年令」など同じ意味を持つ異なる表現が混在する場合，それらを代表的な表記に統一する。

数値や URL の抽象化：980 円，15.3%などの数字，インターネット上のURL，メールアドレスなどは，ひとつの表現に置換することで，個々の要素を，数字，URL，メールアドレスといった抽象概念として扱えるようになる。

名寄せ：「コカ・コーラ 350 ml」と「コカ・コーラ 200 ml」は同じ商品として識別することで，商品の粒度を上げて解析することが可能になる。

属性抽出：ニュースタイトルの末尾に埋め込まれたメディア名，商品名の末尾に埋め込まれた数量単位，ニュース記事の末尾の著者名，など自然言語テキストに埋め込まれた属性を取得する。

区切り識別：与えられた文書から，パラグラフや文章といった区切りを識別する。

形態素解析：文章を言葉の最小単位に分割し，品詞や読みなどの属性を同定する。

視覚化：文書を視覚化することで直感的にそこで何が言われているかを理解する。

以下では，これらの前処理の基本技術を紹介し，その後に，それらの方法を

組み合わせ 2.2.5 項で紹介した News API を用いて株に関するニュースを取得し，それらのタイトルを視覚化する方法について紹介する。なお，名寄せについては 5.4 節にて商品名の名寄せについてすでに紹介しているので本章では扱わない。また，属性抽出については，視覚化の節 (7.2 節) で，ニュースタイトルに埋め込まれたメディア名を削除するという例で代替的に紹介している。本章で共通して利用するライブラリの読み込み処理をコード 7.1 に示している。

コード 7.1　本章で必要となるライブラリの読み込み

```
1  import unicodedata as ud
2  import re
3  import pandas as pd
4  import numpy as np
5  import spacy
6  from spacy.lang.ja import Japanese
```

7.1　基本的な技術

　自然言語は一般的に文字列として扱われる。そこで具体的なタスクについて説明する前に，Python が文字列をどのように管理しているかについて簡単に見ておこう。歴史的に，コンピュータは米国で誕生したため，初期のコンピュータが扱う文字はアルファベットや数字・記号類のみであった。これは ASCII コードとして知られており，7 ビット (2 進数 7 桁) で表現できるコードと文字との対応表で，a という文字にコード 0x61 (0x は 16 進数であることを意味する) が対応するといった具合である。7 ビットで表現できる文字の種類数は $128\ (= 2^7)$ であるため，ひらがなや漢字を扱うことができず，新しいコード体系が提案される。ASCII コードにカタカナ (半角) を取り入れた JIS X 0201，Windows で使われている Shift_JIS (およびその拡張の CP932)，Unix 系 OS で用いられていた EUC などはよく知られたコード体系である。しかし，これら異なるコード体系が入り乱れることになり，コード変換の煩雑さが問題となった。またインターネットの普及で，世界の様々な言語を統一的に扱う必要性が高まり，国際規格としてコード体系を一本化することとなる。それが Unicode である。Unicode では，0x0 から 0x10FFFF までのコードが規定されており，111 万 4112 種類の文字を収めることができ，世界中の言語だけでなく，数学記号や罫線文字といった多様な記号類まで表現することが可能となった。しかし，1 文

字あたりの桁数が増えるとメモリを圧迫する原因にもなるために，Unicode を
コンピュータ上で表現する方式 (エンコーディングと呼ばれる) がいくつか提案
され，現在では，そのうちの 1 つ UTF-8 が最もよく利用されている。Python
は，バージョン 3 以降では UTF-8 がデフォルトの文字コードとして採用され
ている。Unicode とそのエンコーディング UTF-8 の関係を確認するスクリプ
トをコード 7.2 に示している。

アルファベット a は Unicode で 0x61 と定められており，UTF-8 も同じ 0x61
である (ASCII も同様)。また「あ」という文字は Unicode では 0x3042 と 16
進数で 4 桁であるが，UTF-8 では 0xe38182 と 6 桁で表現されている。UTF-8
では，このようなエンコーディング方式を採用することにより，ASCII コード
体系は維持しつつ多様な文字を表現できるようになっている。ちなみに，「あ」
の Shift_JIS コードは 0x82a0 である。

コード 7.2　Unicode とそのエンコーディングである UTF-8 の関係を確認する

```
1  # ord()はUnicode を返し，hex()はそれを 16進数に変換する
2  print(hex(ord('a'))) # a の Unicode は 0x61
3  print(hex(ord('あ'))) #「あ」のUnicode は 0x3042
4  # encode()はUTF-8のバイト列を返す
5  print('a'.encode().hex()) #「a」は UTF-8で 0x61(Unicode に同じ)
6  print('あ'.encode().hex()) #「あ」はUTF-8で 0xe38182
7  print('あ'.encode(encoding = 'shift_jis').hex()) #「あ」の
       shift_jis は 0x82a0
```

7.1.1　表記ゆれの解消

Unicode が策定された結果，多様な文字／記号を利用できるようになったが，
逆に同一の意味を持つ文字を異なるコードで表現した文章も増えてくることに
なった。例えば，「99円」と「９９円」は同じ意味であるが，前者の数字は半
角で後者は全角である。「TOPIX」と「ＴＯＰＩＸ」も同様である。このよう
な関係は，「㎡」と「m2」や「年齢」と「年令」といった違いにも見ることが
でき，一般的に「表記ゆれ」と呼ばれる。テキストに表記ゆれが存在する場合，
代表的な表記に統一した方が都合がよい場合が多い。

表記ゆれを解消する方法としては，a) Unicode の互換等価性を用いて正規化
する方法，b) 変換表を作成して文字列を置換する方法，そして c) 7.1.5 項で
紹介する形態素解析に任せる方法[1]などが有望である。以下では，a) と b) に

---

[1]　人名や場所名，日付や金額，URL やメールアドレスなどの固有表現を抽出する機能を持った形

ついて解説する。

■ **Unicode の正規化**　　Unicode では，類似した文字の関係性が規定されて
おり，「互換等価性」と呼ばれる。例えば，先に示した全角の「９」は半角の
「9」と意味的に互換等価性があると登録されている。unicodedata ライブラリ
の normalize() メソッドを用いることで互換等価性の変換が可能となる。コー
ド 7.3 には，半角カナや全角アルファベット／数字／記号がどのように変換さ
れるかを示すためのスクリプトである。

コード 7.3　Unicode の正規化

```
1   # コード 8.2 Unicode とそのエンコーディングである UTF-8 の関係を確認する
2   def cnormalize(str):
3       for chr in str: # 一文字ずつ回す
4           norm=ud.normalize('NFKC', chr) # ここで互換等価性変換が実行される
5           # 変換前(chr)後(norm)の文字とUTF-8コードを 16進数で表示
6           print(chr, chr.encode().hex(), '=>',
7                 norm, norm.encode().hex())
8   cnormalize('ｱkgＡ９Ⅸ＄　㎡㈱．')
9   # ｱ efbdb1 => ア e382a2 # 半角カナは全角カナに
10  # Ａ efbca1 => A 41 # 全角アルファベットは半角に
11  # ９ efbc99 => 9 39 # 全角数字は半角に
12  # ＄ efbc84 => $ 24 # 全角ドル記号は半角に
13  #   e38080 => 20 # 全角スペースは半角に
14  # ． efbc8e => . 2e # 全角ピリオドは半角に
15  # Ⅸ e285a8 => IX 4958 # ギリシャ数字Ⅸは半角 2文字のIX に
16  # ㎡ e38ea1 => m2 6d32 # ㎡記号は半角 2文字m2 に
17  # ㈱ e388b1 => (株) 28e6a0aa29 # ㈱記号は半角カッコと「株」に
```

　互換等価性変換を適用することで，Unicode に登録された表記ゆれについて
は解消されるが，「年令」と「年齢」の表記ゆれは解消されないし，またすべて
の登録された互換等価性が対象となるため，望まない変換(例えば，全角ピリ
オドは変換したくないなど)が行われることにもなる。

■ **文字列置換**　　単純な方法であるが，利用者が変換規則を列挙して変換する文
字列置換も有力な方法である。文字列置換として 2 つのメソッド (replace(),
translate()) の利用例をコード7.4に示す。ここでは前節で解説したUnicode
の正規化の結果に対して置換処理を行っている。replace() は，「文字列」を置
換する方法で，1 回の実行で 1 つの文字列しか置換できない。ここでは，「年令」
と「元年」を 2 回に分けて置換している。一方 translate() は，「文字」単位

　　態素解析ツールもあるが，本書では詳しくは扱わない。

で置換する方法で，複数の文字を一度に置換することができる。translate()
で「令」を「齢」に置換しないのは，「令和」が「齢和」になってしまうからで
ある。

コード7.4　文字列置換を実行する2つの方法

```
1   text = '年令が１８才になった令和元年に、1,000円寄付した。ｽｺﾞｲ!!'
2   print('text', text)
3   rep1 = ud.normalize('NFKC', text)
4   print('rep1', rep1)
5   rep2 = rep1.replace('年令', '年齢').replace('元年', '１年')
6   print('rep2', rep2)
7   mp = str.maketrans({'!':'！','。':'. '})
8   rep3 = rep2.translate(mp)
9   print('rep3', rep3)
10  # text 年令が１８才になった令和元年に、1,000円寄付した。ｽｺﾞｲ!!
11  # rep1 年令が 18才になった令和元年に、1,000円寄付した。スゴイ!!
12  # rep2 年齢が 18才になった令和１年に、1,000円寄付した。スゴイ!!
13  # rep3 年齢が 18才になった令和１年に、1,000円寄付した. スゴイ！！
```

7.1.2　数字の抽象化

　分析目的によっては数字や URL など個別の値に意味を見出すケースもある
が，そうでない場合は，それらを抽象化することが有効である。ここでいう抽
象化とは，99 や 1000 などの個々の数字を直接扱うのではなく，例えば「0」と
いう記号に統一して数字という意味として扱うことである。

　コード 7.5 は，コード 7.4 の rep3 の数字を 0 に置き換えるスクリプトであ
る。3 行目の正規表現によりすべての数字を 0 に置換できる。1, 2 行目は，わ
かりやすさのために，3 行目の正規表現を部分的に実行した結果を示すために
掲載している。この置換処理によって，数字はすべて同じ 0 という数字を意味
する記号に変換される。

コード 7.5　すべての数字を「0」に変換することで抽象化する

```
1   print(re.sub('\d', '0', rep3)) # \d は数字にマッチ => 連続する 0を単一に
        したい
2   print(re.sub('\d+', '0', rep3)) # 連続する数字を 0に => 桁数のカンマがと
        れない
3   print(re.sub('\d[\d,]*', '0', rep3)) # [\d,]*で数字もしくはカンマの 0回
        以上の繰り返し
4   # 年齢が 00才になった令和 0年に、0,000円寄付した. スゴイ！！ # 連続する 0を単
        一にしたい
5   # 年齢が 0才になった令和 0年に、0,0円寄付した. スゴイ！！ # 桁数のカンマがと
        れない
```

6   # 年齢が 0 才になった令和 0 年に、0 円寄付した. スゴイ！！ # 完成!!

7.1.3 URL の 抽 象 化

　次に URL を抽象化する処理を考えてみよう。URL (uniform resource lo-
cator) とは，インターネット上の画像や HTML ファイルなどの情報ソー
スの場所を記述する方式のことである。例えば朝倉書店の愛読者の声の
ページは https://regist11.smp.ne.jp/regist/is?SMPFORM=ogl-mesho-
3e7c8179db066bd0511b1f1d1a8bceb7 で表される。このような個々の URL
を抽象化して，http://example.com に置換することを考える。前項で見た数
字については，後の節で見る形態素解析の固有表現抽出機能によって識別可能
だが，URL についてはその一部を識別できても完全に識別することは難しい。
そのためテキスト中の URL を前処理で一定の文字列に変換することは意味あ
ることである。

　URL の置換処理についても正規表現を用いる。先の朝倉書店の URL を見る
と様々な記号で構成されていることがわかる。これは URL に構造があるから
であり，その構造を正規表現で指定するのは簡単ではない。しかし，その構造
を無視して，URL で使われる文字が連続して続く限り，それは URL であると
の前提で正規表現を作成するのは容易である。URL は通常，通信プロトコル
名である http:// もしくは https:// から始まるので，それに続けて正規表現
[xxxx]+を指定するだけで良い。xxxx には，URL で利用可能な文字を順不同
で列挙する。URL のより広い概念である URI (uniform resource identifier) を
規定した標準化文書 RFC2396 (https://tools.ietf.org/html/rfc2396) に
よると，URI に利用可能な文字は以下の通りである。

　　uric　URI を構成する文字の種類：reserved + unreserved + escaped

　　reserved　URI の構造を表現する文字：;/?:@&=+$, の 10 種

　　unreserved　それ以外の文字：alphanum + mark

　　alphanum　アルファベットと数字

　　mark　構造に関係なく使える記号：-_.!~*'() の 9 種

　　escaped　非 ASCII 文字を表現するための文字：%

これらの文字に，フラグメント識別子である「#」を加えた文字を指定すれば
よい。なお正規表現のキーワードとなっている記号 (例えば*や.) はバックス

ラッシュでエスケープしなければならないことに注意する。スクリプトをコード 7.6 に示す。

コード 7.6 すべての URL を置換する処理

```
1   import re
2   # https://gist.github.com/gruber/249502
3   reserved = r";/\?:@&=\+\$," # URL の構造を表現するための予約語
4   alphanum = r'0-9A-Za-z' # アルファベットと数字
5   mark = r"\-_\.!~\*\'\(\)" # reserved 以外の記号
6   unreserved = alphanum + mark
7   escaped = "%" # 非ASCII 文字を表現するためのエスケープ文字
8   fragment = "#" # フラグメント識別子
9   uric = reserved + unreserved + escaped + fragment
10  rexp = r'https?://[%s]+'%uric
11  # 上の8行をまとめる書き方
12  # rexp = r'https?://[;/\?:@&=\+\$,0-9A-Za-z\-_\.!~\*\'\(\)%#]+'
13
14  text = '''
15  朝倉書店のURL は、https://www.asakura.co.jp/です。
16  wikipedia のページは https://ja.wikipedia.org/wiki/%E3%83%A1%E3%82%A4%
        E3%83%B3%E3%83%9A%E3%83%BC%E3%82%B8
17  ローカルでJupyter を起動するには http://127.0.0.1:8888/?token=075
        d と入力すればよい。
18  '''
19  print(re.sub(rexp,'www.example.com', text))
20  # 朝倉書店のURL は、www.example.com です。
21  # wikipedia のページは www.example.com
22  # ローカルでJupyter を起動するには www.example.com と入力すればよい。
```

7.1.4 文 書 の 分 割

　自然言語処理において，与えられた文書について，文章を単位として分割することは重要なタスクとなる。ライブラリによっては，文章単位の入力を前提としているものもあるし，複数の文章を入力できても，総文字列長が長すぎるとメモリ不足のエラーとなることもあるからである。さらに，パラグラフや章／節のある文書であれば，それらの区切りも識別できれば，文書の構造を考慮した分析が可能となる。

　文章の区切りを見分けるのは，さほど簡単な問題ではなく絶対的な方法は存在しない。というのも，くだけた文書も含めると文章の区切りがあまりにも多様化しているからである。例として，表 7.1 に Wikipedia から引用した例と SNS 上で交わされる会話例を示している。Wikipedia の例を見ると，一見「。！？」

を検索すれば済むように思われる。しかし，引用の中の「。」は無視しなければ
ならない。また引用符も半角・全角含めて多様であり，例えばシングルクォー
テーション「'」を引用符として識別したければ，英語のアポストロフィとの区
別を付けなければならない。

　引用符の問題以外にも，半角のピリオド「.」を区切り文字に使うと小数点や
URL の区切りとの区別がつきにくくなる。あるいは，句読点なしで改行で文章
が終わるケースもある。！や？を連続させることもある。また，その組み合わ
せもある。さらに，最近は顔文字が区切りになることもある。

　SNS やチャットなど会話に近いソースについては非常に難しくなる傾向が強
いが，小説や新聞記事，ネットニュースなど，文書の作成に校閲が入るソース
については比較的ルールが明確で文章の切り出しもやりやすい。

表 7.1　文章の区切り位置の特定は難しい。Wikipedia の文書 (上) と SNS の文書 (下)

「データの分析」はデータの散らばりと相関について教え，その目的は「統計の基本的な考えを理解するとともに，それを用いてデータを整理・分析し傾向を把握できるようにする。」である。総務省統計局では「学校における統計教育の位置づけ」を解説し，指導者の支援にあたっている。
彼には凄くお世話になりました。感謝しています！ 彼に「ありがとう！」と伝えておいてください m(＿ ＿)m 了解です (＾＾) 必ず伝えるね。

上段文章の出所：Wikipedia「統計学」より

　以下では，表 7.1 の上に示された Wikipedia の文書から文章を取り出し，表
7.2 に示すような文章リストを出力する処理について考えてみる。ただし，こ
こでは簡単のために，区切り文字は全角の「。！？」のみとし，引用符はカギ
カッコ (「」) のみを想定するものとする。また文章の途中での改行もあることを
考慮する。

表 7.2　文章の区切りを識別して以下のような文章リストを返す

['「データの分析」はデータの散らばりと相関に・・・ を把握できるようにする。」である。', ' 総務省統計局では「学校における統計教育の位置づけ」を解説し，指導者の支援にあたっている。']

　図 7.1 に処理の考え方を示している。基本的には，for 文で 1 文字ずつ全文
書を走査していき，文末かどうかを判定する。ポイントは，カッコ内の句読点
を文章の区切りと認識させないために，走査している場所がカッコ内かどうか
を判定させる skip フラグを用いる点にある。skip フラグが True であれば文

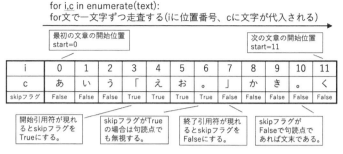

図 7.1 カッコ内の句読点を考慮して文章の区切りを識別する考え方

末句読点の判断は行わない。

以上の考え方を実装したスクリプトをコード 7.7 に示す。文末句読点の判断は 10 行目で行っており，not skip によって，skip フラグが立っていないとき (カッコ内でないとき) のみ句読点の判断を行っている。改行文字は 12 行目で削除しているが，関数の最初で text=text.replace('\n','') として一括して削除しておいてもよい。

コード 7.7 文章を句読点で切り出す処理

```
1   def splitSentence(text):
2     sentences = [] # このリストに区切った文章を格納する
3     start = 0 # 文章の開始位置
4     skip = False # カッコの中にいるかどうかのフラグ
5     for i,c in enumerate(text):
6       if c == '「': # 開始引用符なら
7         skip = True
8       elif c == '」': # 終了引用符なら
9         skip = False
10      elif not skip and c in '。? ! ': # 句読点の判断
11            sentence=text[start:i+1] # 文章の切り出し (スライシング)
12        sentences.append(sentence.replace('\n', '')) # 改行文字を消してリ
              ストに格納
13        start = i+1 # 次の文章の開始位置セット
14    return sentences
15  text = '''「データの分析」はデータの散らばりと相関について教え、その目的は
16  「統計の基本的な考えを理解するとともに，それを用いてデータを整理
17  ・分析し傾向を把握できるようにする。」である。総務省統計局では「
18  学校における統計教育の位置づけ」を解説し、指導者の支援にあたって
19  いる
20  '''
21  sentences = splitSentence(text)
22  sentences
23  # ['「データの分析」はデータの散らばりと相関について教え、その目的は「統計の基本
```

```
      的な考えを理解するとともに，それを用いてデータを整理・分析し傾向を把握で
      きるようにする。」である。',
24  # '総務省統計局では「学校における統計教育の位置づけ」を解説し，指導者の支援にあ
      たっている。']
```

7.1.5　形態素解析

　形態素解析とは，文章を言葉の最小単位に分割し，その品詞や読みなどの属性を同定する処理である。本項では，形態素解析のライブラリとして spaCy について紹介する。spaCy は近年注目されているライブラリで，英語，日本語，ドイツ語，フランス語など多言語の解析を共通の形式で実現できる。すなわち，spaCy を用いてテキスト解析のプログラムを作成すれば，異なる言語のテキストを同一のプログラムで処理できるようになることを意味する。機能としては，形態素解析の他にも構文解析や固有表現抽出などを可能とする。

　コード 7.8 に日本語と英語の形態素解析を行うプログラムを示している。3 行目で日本語の言語モデルをローディングし，言語解析のオブジェクトを taggerJP にセットしている。英語も同様に spacy.lang.en import English で可能であるが，執筆時のバージョンでは品詞等の出力ができないために，直接 spacy.load('en_core_web_sm') (4 行目) により，英語の言語モデルのオブジェクトを設定している。設定されたオブジェクトに文章を流し込むことで形態素解析が実行される (5, 6 行目)。実行結果は形態素オブジェクトで返されるので，そのメンバーを参照することで，切り出された単語や品詞などを取得することが可能となる (図 7.2)。

コード 7.8　spaCy による形態素解析

```
1   sentenceJP = u'国境の長いトンネルを抜けるとそこは雪国だった。'
2   sentenceEN = u'The train came out of the long tunnel into the snow
        country.'
3   taggerJP = Japanese()
4   taggerEN = spacy.load('en_core_web_sm')
5   tokensJP = taggerJP(sentenceJP)
6   tokensEN = taggerEN(sentenceEN)
7   print('token 番号, 表層形, 品詞, 品詞細分類, 原型')
8   for token in tokensJP:
9       print(token.i, token.orth_, token.pos_, token.tag_, token.lemma_)
10  for token in tokensEN:
11      print(token.i, token.orth_, token.pos_, token.tag_, token.lemma_)
```

　品詞 (token.pos_) は，多言語共通で使われる品詞の記号 (Universal part-

```
token番号,表層形,品詞,品詞細分類,原型
0 国境 NOUN 名詞-普通名詞--一般 国境
1 の ADP 助詞-格助詞 の
2 長い ADJ 形容詞--一般 長い
3 トンネル NOUN 名詞-普通名詞-サ変可能 トンネル
4 を ADP 助詞-格助詞 を
5 抜ける VERB 動詞-非自立可能 抜ける
6 と SCONJ 助詞-接続助詞 と
7 そこ PRON 代名詞 そこ
8 は ADP 助詞-係助詞 は
9 雪国 NOUN 名詞-普通名詞--一般 雪国
10 だっ AUX 助動詞 だ
11 た AUX 助動詞 た
12 。 PUNCT 補助記号-句点 。
```

```
token番号,表層形,品詞,品詞細分類,原型
0 The DET DT the
1 train NOUN NN train
2 came VERB VBD come
3 out SCONJ IN out
4 of ADP IN of
5 the DET DT the
6 long ADJ JJ long
7 tunnel NOUN NN tunnel
8 into ADP IN into
9 the DET DT the
10 snow NOUN NN snow
11 country NOUN NN country
12 . PUNCT . .
```

図 7.2 spaCy による形態素解析の結果 (左：日本語, 右：英語)

of-speech tag) で，記号の意味は表 7.3 に示される通りである。また品詞詳細 (`token.tag_`) には日本語による品詞も出力されているが，それは各言語特有の出力であり，多言語共通のプログラムを作成するのであれば `token.pos_` の方を用いればよい。

表 7.3 主な品詞の記号と意味

記号	意味 (英)	意味 (日)
ADJ	adjective	形容詞
ADP	adposition	接置詞
ADV	adverb	副詞
AUX	auxiliary	助動詞
CCONJ	coordinating conjunction	接続詞
DET	determiner	連体詞
NOUN	noun	名詞
NUM	numeral	数詞
PRON	pronoun	代名詞
PROPN	proper noun	固有名詞
PUNCT	punctuation	句読点
VERB	verb	動詞

出所：`https://universaldependencies.org/u/pos/`

7.2 ネットニュースの視覚化

2.2.5 項で紹介した News API を用いて Yahoo!ニュースのタイトル中に「株価」を含む日本語のニュースを最大限 (無料プランでは 100 件) 取得し，ワードクラウド (word cloud) と呼ばれる視覚化と単語の共起ネットワークによる視覚化の方法を紹介する。処理の流れは，1) News API を用いてニューステキ

ストを JSON 形式でダウンロードし，2) JSON データからタイトルを抜き出
し，3) 形態素解析した結果をリストに格納し，そして，4) その結果を視覚化す
る。ただし，1) については，すでに 2.2.5 項で取得したデータを用いる。サン
プルコードには 2.2.5 項で紹介したコードを再掲しているので，そのコードを
実行するか，2.2.5 項で取得した JSON ファイル stock_yahoo.json をカレン
トディレクトリにコピーしてもらいたい。

7.2.1　ニュースタイトルの形態素解析
　上で保存した JSON ファイルを読み込み，タイトルのみを抽出し，その形態
素解析の結果をリスト変数に格納することを考えよう。処理の概要を図 7.3 に
示す。ポイントは，JSON を読み込んだときに，図 7.3 の右に示された JSON の
内容が Python の辞書とリストの木構造データとして読み込まれることを理解
し，必要なデータ (全ニュースのタイトル) をいかにして抜き出すかにある。ま
たニュースタイトルの末尾にはメディア名がカッコで囲われて表示されるケー
スが多いので，内容には関係ないと考え削除する処理も加えておきたい。

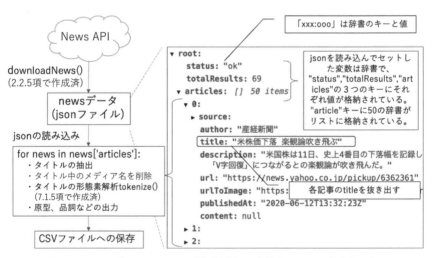

図 7.3　ニュースをダウンロードし形態素解析して表構造のデータに保存する流れ

　コード 7.9 にそのスクリプトを示す。JSON ファイルの読み込みは，2.4 節で
解説したように，ファイルをオープンした後に，json.load() メソッドで行う。
このとき，読み込んだ JSON の root 要素 (図 7.3 右参照) が辞書として dat 変

数にセットされる。そして，この辞書には，root の子要素としてぶら下がっ
ている status，totalResults，articles をキーとして持っており，さらに
dat['articles'] に取得したニュース (辞書型) を要素に持ったリストがセッ
トされている。JSON から読み込んだデータがどのような構造になっているか
を調べるには，Jupyter のファイル一覧から目的の JSON ファイルをクリック
することで，JSON 専用のツリー構造のタブが開かれる。

目的のタイトルは辞書型のニュース (コードでは news 変数) の title キー
に格納されている (15 行目)。またタイトルに含まれる末尾のメディア名は
delMedia() 関数によって削除している (1〜6 行目)。

末尾のカッコの文字列を削除するのは正規表現を用いれば簡単に実現できそ
うであるが，実はかなり厄介な問題である。例えば「東京（23 区）243 人感染
20 代，30 代が約 8 割（Yahoo!ニュース）」というタイトルについて考えてみよ
う。単純に re.match(r'（.*）$',title) (末尾に出現するカッコ) とすると，
「（23 区）243 人 ⋯ Yahoo!ニュース）」がマッチしてしまう。正規表現の繰り
返しマッチ * は最長パターンにマッチするからである。そこで，最短マッチ記
号?を使い，re.match(r'（.*?）$',title) とすると，* を最短マッチに変更
することができる。しかし，re.match メソッドは，複数マッチする部分文字
列があれば最初の方にマッチしてしまい「（23 区）」が削除されてしまう。そこ
で，以下のコードでは，re.findall() メソッドを使い，最短マッチをすべて
列挙し，最後のマッチを削除するような実装をしている。また，そもそもカッ
コで囲われたメディア名が末尾にある保証はないので，最初に末尾が「）」であ
ることをチェックしている (2 行目)。さらに，タイトルの末尾に句読点「。」を
追加しているが (6 行目)，これは，文末を明示的に示さなければ形態素解析の
結果が意図しないものとなることがあるためである。

タイトルが取得できれば，あとは 7.1.5 項で解説した形態素解析を実行し，
必要な原型と品詞をリストに出力して完了である。

コード 7.9　JSON からニュースタイトルを抜き出し，形態素解析してる単語–品詞ペアのリ
　　　　　　ストを作成する

```
1   def delMedia(title):
2       if title[-1]=='）': # タイトルの末尾にカッコがなければメディアは記載な
                            し と判断
3           match = re.findall(r'（.*?）',title)
4           if len(match)>0:
5               title=title.replace(match[-1], '')
```

```
6      return title+'。'
7
8    # JSON の読み込み
9    with open('./xxnews/stock_yahoo.json') as fpr:
10       dat=json.load(fpr)
11
12   tagger = Japanese()
13   results = []
14   for news in dat['articles']: # 全ニュースで回す
15       title = delMedia(news['title'])
16       tokens = tagger(title)
17       results.append([(token.lemma_, token.pos_) for token in tokens])
18   print(results[:2])
19   # [[('米', 'NOUN'), ('株価', 'NOUN'), ('下落', 'NOUN'), ('楽観', 'NOUN
       '), ('論', 'NOUN'), ('吹く', 'VERB'), ('飛ぶ', 'VERB')]], [[('チャー
       ト', 'NOUN'), ('は', 'ADP'), ('嘘', 'NOUN'), ('は', 'ADP'), ('つ
       く', 'VERB'), ('ない', 'AUX'), ('(', 'PUNCT'), ('？', 'PUNCT'),
       (')', 'PUNCT'), ('、', 'PUNCT'), ('反撃', 'NOUN'), ('の', 'ADP'),
       ('株価', 'NOUN')]]]
```

7.2.2　ワードクラウドによる視覚化

　前節でセットしたタイトル一覧をワードクラウドと呼ばれる方法で視覚化
する。ワードクラウドとは，図 7.4 に示されるようなテキストの視覚化手法
である。テキストに出現する単語の頻度を重みにしてフォントの大きさを調
整し，色や向きを自由に変えて配置することで，より多くの情報を直感的に

図 7.4　News API で取得した「株価」を含むニュースタイトルのワードクラウドによ
る視覚化

示すことができ，前処理において異常な文字や不適切な文字が混入していないかをチェックすることができる。ここでは wordcloud ライブラリを用いる（https://github.com/amueller/word_cloud）。

ワードクラウドの描画スクリプトをコード 7.10 に示している。利用方法はシンプルで，スペースで区切られた単語の文字列を入力に与えるだけでよく，内部で頻度を計算し描画してくれる。様々なパラメータを指定できるが，特に指定しなければ矩形領域に頻度に応じた大きさのフォントで単語を出力し，単語の向きや色はランダムに配置／配色される。表 7.4 に示されるようなパラメータを指定することで，表示しない単語の指定や，描画領域のマスキング，色の指定なども可能となる。なお，日本語を表示するときは日本語のフォントパスを指定しなければならない。コード 7.10 では Windows 10 での例を示しているが，Mac のフォントパスはサンプルプログラムに示しているので参考にしてもらいたい。その他のパラメータの詳細は，Web サイトのドキュメントを参照されたい。

コード 7.10　News API により取得したタイトルをワードクラウドで視覚化する方法

```
 1  import wordcloud
 2  from IPython.display import Image
 3  all_words = [] # すべての単語をlist にフラットに格納する
 4  for tokens in results:
 5      all_words+=[token[0] for token in tokens]
 6  splitted = ' '.join(all_words) # 単語のスペース区切りがword
        cloud の入力形式
 7  font_path = "/c/Windows/Fonts/yumin.ttf"
 8  #分割テキストからwordcloud を生成
 9  wordc = wordcloud.WordCloud(font_path=font_path,background_color='
        white').generate(splitted)
10  wordc.to_file('./wordcloud.png') #画像ファイルとして保存
11  Image('./wordcloud.png') # 表示
```

7.2.3　単語の共起ネットワーク

ワードクラウドによる視覚化は単語単体の頻度に焦点を当てた視覚化であった。本項では，単語間の関連性を視覚化する方法を紹介する。物事の関係性を表すためのデータ構造として，グラフ (graph) もしくはネットワーク (network) が用いられる。ここで言うグラフは，棒グラフや円グラフなどのいわゆるチャート類のことではなく，図 7.5 に示されるような，点 (ノード：node) とそれらを

表 7.4　WordCloud() の主なパラメータ

パラメータ	内容	例
font_path	フォントのパス	OS 依存
width	キャンバスの横サイズ (default = 400)	width=100
height	キャンバスの縦サイズ (default = 200)	width=100
mask	描画領域のマスキング	Web サイトのサンプルを参照
max_words	表示する単語の最大数 (default = 200)	max_words=100
stopwords	表示しない単語リスト	stopwords=['株価','株式']
bachground color	背景色 (default='black')	background_color='yellow'
relative_scaling	単語頻度とフォントサイズの相対スケール 0.0〜1.0: 0 で頻度に比例，1 で頻度の倍のサイズ	relative_scaling=0.5
min_word_length	描画する文字列長の下限値	min_word_length=3
include_numbers	数字を入れるかどうか	include_numbers=True

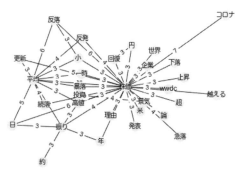

図 7.5　単語の共起関係を表したネットワーク図

結ぶ辺 (エッジ：edge) から構成されるデータ構造である．ここでは，単語を点とし，単語の関係性を共起頻度 (タイトルに併用される頻度) で定義し，共起頻度が 3 以上の単語間にエッジを張っている．ネットワークによる視覚化により，タイトルで使われる単語の共起関係がわかるので，単語単体の頻度を見るより深い意味解釈が可能となる．

　単語の共起ネットワークを作成する処理概要を図 7.6 に示す．ネットワーク図の描画には，エッジデータとして単語ペアとその出現頻度表が必要となる．まずは，単語 (word) と文章番号 (sentenceNo) のクロス集計表 (行列) を作成する．さらに，そこから行と列を入れ替えた (転置した) 行列を作り，これら 2つの行列積を求めると共起頻度行列ができあがる．例えば世界と株価の共起頻度が 2 と計算されているが，これは，世界ベクトル $(0, 1, 0, 0, 1, 0)$ と株価ベクトル $(0, 1, 0, 0, 1, 0)$ の内積計算 (同じ箇所の値をかけ合わせて合計する) の結果

である。両者が 1, すなわち同じ文章に共起していれば 1 となり, いずれかが 0, すなわち共起していなければ 0 となる。そしてそれらの和が共起頻度となる。ただし, 行列のサイズがあまりに大きくなるとメモリが不足してエラーとなるので注意が必要である。そのような場合は共起件数を高速に数え上げる専用のアルゴリズムが必要となる [*2)]。そして, 最後に 2 件以上の単語ペアを抜き出せばエッジデータの完成となる。

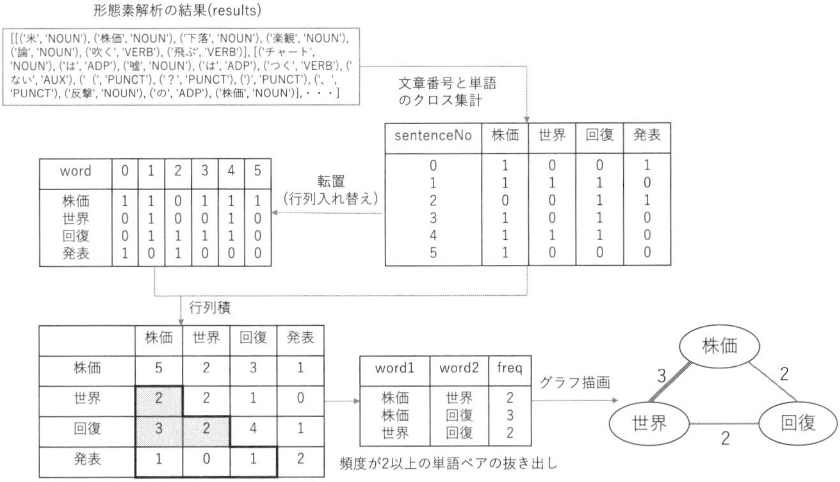

図 7.6 単語の共起ネットワーク図作成のための処理概要

　これらの処理を実装したスクリプトをコード 7.11 に示している。クロス集計表の作成は pd.crosstab() メソッドを, そしてその転置は T で実現できる。変数 cross は行が sentenceNo で列が word の表になり (図 7.6 の右の行列), 一方, cross.T は行が word で列が sentenceNo の表になる (図 7.6 の左の行列)。
　そして, それら 2 つの行列の積が cross.T.dot(cross) で計算され, その結果が matrix 変数に格納される。この行列は, word×word の行列で, その頻度が値として格納される。そして, numpy の where メソッドにより, 値が 3 以上の行と列のインデックスが ([1,5,8,...],[1,3,6,...]) のように, numpy の array として格納される。1 つ目の array が行インデックスで, 2 つ目の array が列インデックスである。これは, 図 7.6 の行列積後の行列から, すべてのセ

[*2)]　例えば, Orange や nysol.take ライブラリなどがある。

ルが対象となっており，ここから下三角のインデックスペア (図 7.6 左下の行
列の太枠の部分) のみ抜き出す必要がある。そこで，2 つの array を zip でま
とめて行と列インデックスを，row, col の変数に格納する for 文で回し，該当
のセルである下三角を row>col の条件で選択している。そのように選択した行
と列のインデックスペアは，単語名に変換され，pairs 変数に格納されていく。

　あとは，ネットワークの視覚化を行えば完成である。ネットワークの視覚化
には Networkx というライブラリを用いている。Networkx はネットワークの描
画だけでなく，グラフ理論に基づいた各種演算の機能を持っている。条件を満た
す部分グラフを求めたり，クラスタリングや最短路の計算などである。pandas
のデータフレームからエッジデータ (単語ペアと重みとしての頻度の 3 項目) を
読み込むことでグラフオブジェクトを生成している (22, 23 行目)。そして次に
グラフレイアウトを計算している (24 行目)。グラフデータを描画する際には，
どのノードをどの場所に配置するかによって見え方に違いが出てくる。様々な
レイアウトの計算方法が用意されているが，ここでは kamada_kawai_layout()
を用いている。そして最後に draw() によってキャンバス上に描画される。

コード 7.11　2 タイトル以上に共起する単語の共起ネットワーク

```
1   import networkx as nx
2   import matplotlib.pyplot as plt
3   tbl = [] # sentence 番号と word の表を作成する
4   for i, sentence in enumerate(results):
5       for token in sentence:
6           # 対象は名詞と動詞だけとする
7           if token[1] == 'NOUN' or token[1] == 'VERB':
8               # i は文書(タイトル)番号
9               tbl.append([i,token[0]])
10
11  df = pd.DataFrame(tbl,columns = ['sentenceNo', 'word'])
12  cross = pd.crosstab(df['sentenceNo'], df['word']) # 図 8.5のクロス集計
        表
13  matrix = cross.T.dot(cross) # この計算で単語間の共起件数 (タイトル数)が計
        算される
14  # 共起頻度>3の行番号と列番号とその値をpairs 変数にセット
15  # pairs はネットワークのエッジとなる
16  indices = np.where(matrix.values >= 3)
17  pairs = []
18  for row, col in zip(*indices):
19      if row>col: # 下三角のみを対象とする
20          pairs.append([matrix.index[row], matrix.columns[col], matrix.
                iat[row, col]])
```

```
21  # エッジデータを一旦 pandas の DataFrame に変換し,
        Networkx のグラフオブジェクトG を生成
22  pairs = pd.DataFrame(pairs,columns=['source', 'target', 'weight'])
23  G = nx.from_pandas_edgelist(pairs, edge_attr = True)
24  pos = nx.kamada_kawai_layout(G) # グラフレイアウト
25  nx.draw(G, pos, with_labels = True, node_color = '#eeeeee') # 描画
26  plt.show()
```

章 末 問 題

(1) 7.1.3 項を参考にしてメールアドレスを抽象化する正規表現を考えよ。メールア
ドレスに利用できる文字の規定は RFC5322 (https://tools.ietf.org/html/
rfc5322) を参照すればよい。

(2) コード 7.7 では改行を無視 (無条件に削除) したが,改行をパラグラフの区切りと
想定し,[パラグラフ番号,文章番号,テキスト] のリストを出力しなさい。文章に
は改行は含まれない前提でよい。これは,例えば,1 行に 1 人のコメントが掲載
されているようなテキストデータなどが例となる。

(3) 日本語には「が」や「です」などあまりに一般的すぎて,テキスト解析で用い
ても意味がないことがある。このような語は stop words と呼ばれる。spaCy で
は spacy.lang.ja.stop_words.STOP_WORDS にそのような語が登録されている。
コード 7.8 について,単語の原型である token.lemma_がそのリストにあるかど
うかを判定することで stop words を除外しなさい。

(4) 同じく,英語での stop words である 'of' や 'is' は,spacy.lang.en.stop_words.
STOP_WORDS に登録されている。英語の形態素解析で stop words を除外しなさい。
　　ヒント:英語の場合は大文字／小文字の区別があるが,STOP_WORDS はすべて
小文字で登録されている。そこで,文章側の単語は文字列.lower() によって小
文字に変換すること。

(5) 7.1.5 項では,spaCy を用いた形態素解析について紹介したが,日本語の形態素
解析のすぐれたライブラリは他にもいくつかある。付属プログラムに,4 つのラ
イブラリ (Janome, nagisa, MeCab, Juman) の例を紹介しているので確認せよ。

(6) コード 7.10 において,「株価」を stop word (その語を描画対象から外すこと) に
設定して実行しなさい。

(7) コード 7.11 では,株価が含まれるタイトルを対象にしているので,株価と他のす
べてのノードにエッジが張られているために見にくい。そこで「株価」ノードを
削除して描画しなさい。
　　ヒント:Networkx のグラフデータ G から特定のノードを削除すればよく,
G.remove('株価') にて可能である。詳細は,Networkx のドキュメントを参照
のこと。

(8) コード 7.11 の結果から，適当に言葉を 1 つ選び，その言葉と，その言葉に隣接するノード (接続のあるノード) を選択してグラフを描画しなさい。解答では，Networkx の隣接ノードを選択する機能と部分グラフを得る機能を使っており，Networkx のドキュメントを参照しながら確認してもらいたい。

(9) コード 7.11 の共起頻度の計算を mlxtend ライブラリを用いて書き換えなさい。

Chapter A

Python基礎

A.1 は じ め に

　本書はPythonの基礎レベルを習得していることを前提として書かれている。Pythonの初学者や再学習したい読者は本付録を先に学習されることを勧める。

■ プログラミングとは？

　プログラミングとはコンピュータへ命令することである。命令の種類や文法，ルールの違いによって様々なプログラミング言語が存在しており，Pythonはそのひとつである。Pythonの実行環境が演劇の舞台だとしたら，プログラミングとは脚本のようなものであると言える。脚本としてまとまった命令群のことをプログラムコード，コード，スクリプトなどという。

■ プログラミングを学ぶ姿勢

　プログラミングを習得するには，命令の文法やルールを知っておく必要がある。また，コンピュータの構造(メモリ，CPU，ストレージの関係)についてもある程度知っておく必要がある。しかし，一番大切なのはどういう命令ができるのかを知っていることである。命令の方法はネットなどから調べればいくらでも情報を得られる。

　次に大事なのは，実行エラーが発生したときに，コードのどこが問題であるかを特定でき，そのコードを修正していけるかである。このスキルを得るには，正しいプログラムコードばかり書いているだけでは身に付かない。様々な種類のエラーに直面し，解決する，ということを何回経験するかが大切である。

　コンピュータはプログラムのエラーをすぐに伝えてくれる。また，エラーになったとしても，未完成であれば誰も困らない。少し電気が消費されるのと，プログラマの時間を少し(？)奪うだけである。

　よって，必要なのは自らコードを書いてコンピュータに命令する経験をたくさんすることである。また，目的志向・命令志向で取り組むこと，エラーを体験しまくること，同じエラーに遭遇したら前回より素早く対応できるように経験を積むこと，である。

A.2 標 準 出 力

標準出力とはプログラミングの実行結果が出力されるディスプレイのような存在である。ファイルなどの出力先が指定されていない限り，標準出力に実行結果が出力される。標準出力への表示を指示するには print() 関数を用いる。() 内に表示したい内容を指定する。

コード A.1 2 の 8 乗の計算結果を標準出力する命令文

```
1  print(2**8) # 256 が表示される
```

A.3 実 行 順 序

コードは上から順番に実行される。

コード A.2 命令が上から順番に実行される

```
1  print('プログラミングってよくわからない')
2  print('でもわかってしまえば難しくない')
3
4  #出力結果
5  # プログラミングってよくわからない
6  # でもわかってしまえば難しくない
```

A.4 コ メ ン ト

メモ書きのことをコメントという。「#」の文字のあとがコメントとして扱われる。一時的にその命令を動かしたくないが，コードとしては残しておきたいときは，対象の命令文をコメントにして残す。このことをコメントアウトという。複数行を一気にコメントにしたい場合はヒアドキュメントの機能を代用する。ヒアドキュメントとは，ダブルクォーテーション 3 つ (""") もしくはシングルクォーテーション 3 つ (''') で対象の複数コード行を囲むことでコメントアウトする文字列を定義する方法である。

コード A.3 コメント例

```
1  print(1+1) #命令文の後ろにmemo を残すこともできる
2  #print(2+3) #命令文をコメントアウトすると，その命令は実行されない
3  """
4  ヒアドキュメント
5  print(5+8)
6  """
```

A.5　変　数　・　代　入

　変数はデータを入れる器のようなものである。何らかの器を用意し，その器に何らかの値を入れ，それら器に入っている値を使って，様々な処理で加工・演算したものをまたどこかの器に入れる。プログラミングはそれの繰り返しである。

　変数を用意することを「変数を宣言する」と言い，変数には名前を付ける。変数に値を入れることを代入と言い，Python では変数の宣言と代入は同時に行う。

　＝ (イコール) 記号をはさんで左側に変数名，右側に代入する値を書く。宣言済みの変数名を指定した場合は，新しい変数が宣言されずに宣言済みのその変数が呼び出される。print() 関数の引数に変数を指定すると代入されている中身の値が表示される。

コード A.4　変数と代入の例

```
1  a = 1 #a という名前の変数を宣言し，1 を代入
2  a = 3 #宣言済みの変数a に 3 を代入
3  print(a) # a の中身を表示。3 が表示される
```

A.6　演　　　　　　　算

　様々な演算が用意されている。演算に用いる記号を演算子という。

■ 数　値　演　算

コード A.5　数値演算 (例)

```
1   # 数値の足し算，引き算 : +, -
2   print(1000+100000-20) # 100980
3   # 数値の掛け算 : * (×ではない)
4   print(3.14*6) # 18.84
5   # 数値の割り算 : /
6   print(100/33) # 3.0303030303030303
7   # 数値の累乗 : **
8   print(0.03**2) # 0.0009
9   # 数値の平方根 (ルート)
10  print(5**(1/2)) # 2.23606797749979
11  # 計算順序を指定する場合は ()で囲む。演算順序のルールは算数・数学と同じ。
12  # ただし，()記号しか用いない。
13  print(((3+5)*10)**2+3) # 6403
```

■ 文字演算 (文字結合)

コード A.6　文字結合 (例)

```
1   # 文字の結合は数値演算の足し算と同じ+演算子を使う
2   print('A'+'B'+'C') # 'ABC'
```

■ 比 較 演 算

コード A.7　比較演算 (例)

```
1   # 同じかどうか ： ==
2   print(1==1) #同じ場合はTrue を算出
3   print("a"=="A") #違う場合はFalse を算出
4   # 違うかどうか ： !=
5   print(3!=1) #違う場合はTrue を算出
6   print("abc"!="abc") #同じ場合はFalse を算出
7   # 大小比較
8   print( 3 > 1 ) #比較が正しければTrue
9   print( -3 < -4 ) #比較が間違っていればFalse
10  print( 4 >= 4 ) #以上
11  print( 4 <= 4 ) #以下
```

■ 論 理 演 算

コード A.8　論理演算 (例)

```
1   # and
2   print(1==1 and 'a'=='a') #True
3   print(1==2 and 'a'=='a') #False
4   # or
5   print(1==2 or 'a'=='a') #True
6   print(1==2 or 'a'=='b') #False
7   # not (演算結果に対する否定)
8   print(not 1==2) #True
9   print(not(1==2 or 'a'=='a')) #否定対象を明確にする場合は ()でくくる
```

A.7　ライブラリの読み込み

　標準の Python 言語では組み込まれていない拡張命令集が世の中にはたくさん用意されている。そういった命令集のことをライブラリやモジュールという。Python ではライブラリは誰でも開発できる。自分のためだけに作ることもできれば，世界中の人に公開することもできる。今日，Python 言語が注目を浴びているのはデータサイエンス・AI の分野でのライブラリが圧倒的に多く用意されているからである。

　ライブラリを使う場合は，import 命令でそのライブラリの固有名称を指定する。事前にそのライブラリをインストールしておく必要がある。

コード A.9　math ライブラリの読み込み

```
1   import math #math ライブラリ(数学演算)のインポート
2   print(math.sqrt(5)) #5の平方根 (2.23606797749979)を算出
```

A.8 変数の種類とデータ構造

変数には型というものが必ず定義される。型とはその変数が格納している値のデータの種類を表す。プログラミング言語で標準に定義されている型もあれば，プログラマーが独自でデータ構造を設計して型として提供するものもある。この節では Python が標準で定義している型を紹介する。

なお，変数の型は type() 関数で確認できる。

■ None 型

None 型は空っぽを意味する型であり，None 定数が格納されている。None 定数は他のプログラム言語などで null (ヌル) と呼ばれているものと同じものである。

コード A.10　None 型

```
1  a = None # 値が空っぽの変数a を宣言
2  print(type(a)) # NoneType
```

■ 数　値　型

数値には整数 (int) 型と浮動小数点数 (float) 型とがある。

コード A.11　数値型

```
1  a=1 # type(a): int
2  b=-2 # int
3  c=+10 # int
4  d=2.5 # float
5  e=10.0 # float
6  f=0.3**10 # float 5.9048999999999975e-06 (e-06は 1/10の 6乗。つまり,
            5.9048999999999975 x 0.000001)
7  g=3.14e+5 # float 314000.0 (e+5は 10の 5乗)
```

■ 文 字 列 型 (str)

文字列 (str 型) はシングルクォーテーションかダブルクォーテーションで囲む。

コード A.12　文字列型

```
1  a='A' # str
2  b="あ" # str
```

■ 論 理 型 (bool)

真偽を表現する型 (bool)。真が True, 偽が False の定数値をとる。

コード A.13　論理型

```
1  a=(3==3) # print(a): True, type(a): bool
2  b=((1+1)==1) # False
```

■ 日付型 (datetime)

日付型は datetime ライブラリを利用する。日時 (ミリ秒) を扱うことができる。

コード A.14　日付型

```
1  import datetime
2  dt=datetime.datetime.now() #現在日時を取得
3  print(dt) # 日時を表示 e.g. 2020-07-20 16:21:41.650336
4  print(type(dt)) # datetime.datetime
5  print(dt.year, dt.month,dt.day) # 年,月,日 (整数型) e.g. 2020,7,20
6  print(dt.weekday()) # 曜日 (整数型) 0:月,1:火,〜,5:土,6:日 e.g. 0
7  # 時,分,秒,ミリ秒 (整数型) e.g. 16,21,41,650336
8  print(dt.hour, dt.minute, dt.second, dt.microsecond)
```

■ リ ス ト 型

複数の要素を順番に並べて束ねた変数をリストという。リストは [] 記号で囲み，要素をカンマで区切る。[] 記号内では要素外の半角スペースは無視される。

コード A.15　リスト

```
1  a=[1,2 , 3] #リスト内での要素外の半角スペースは無視される
2  b=[1, 'a', 2, 'b', 3, 'c', True] #異なる型の要素を持てる
3  print(a) # [1, 2, 3]
4  print(b) # [1, 'a', 2, 'b', 3, 'c', True]
```

リスト内の要素を指定する方法は，先頭から何個目の要素かを指定する。リスト型の変数名に続けて [] 記号の間に何個目かの要素番号を指定する。ここで使用する [] 記号はリストそのものを定義する [] の囲みとは別物で，たまたま同じ記号を使っているだけである。1 個目を指定する要素番号が 0 始まりなので注意すること。また，後方から要素を指定する場合は要素番号にマイナス値を指定する。

スライシングという操作で複数の要素を範囲指定して取得することもできる。変数名に続けて [] 記号内に区間の開始と終了を：(コロン) 記号でつなげて指定する。区間で指定する値は要素間をカウントした整数であり，先頭が 0，最初の要素区切りが 1 というように数える。マイナス値を指定して後方からのカウント値を指定することもでき，その場合は最後の要素区切りが -1，その 1 つ手前の要素区切りが -2 となる。開始値に何も指定しなければ先頭から，終了値に何も指定しなければ末尾までを指定したことになる。

コード A.16　リスト内の要素を指定

```
1  a=['A','B','C']
```

```
2    print(a[0]) # A（0番目=先頭から1個目）
3    print(a[1]) # B（1番目=先頭から2個目）
4    # マイナス値を指定すると後ろから
5    print(a[-1]) # C（-1番目=後ろから1個目）
6    print(a[-3]) # A（-3番目=後ろから3個目）
7    # 存在しない要素番目を指定したらエラー
8    print(a[3]) # IndexError: list index out of range
9    print(a[-4]) # IndexError: list index out of range
10   # スライシング（要素の範囲指定）
11   print(a[0:2]) # ['A','B']（先頭～2番目の区切り）
12   print(a[-2:-1]) # ['B']（後方から2番目の区切り～後方から1番目の区切り）
13   print(a[:-1]) # ['A', 'B']（先頭～後方から1番目の区切り）
```

■ タ プ ル 型

　リストとほぼ同じである。リストは [] 記号で囲むが，タプルは () 記号で囲む。リストは要素の書き換えが可能だが，タプルは要素の書き換えができないのが特徴である。ただし，要素がリストなどの場合，要素を別の変数に置き換えることはできないが，リストの中身の要素を変更することはできる。リストよりタプルを使う場合の優位点は，リストより処理性能がよい，辞書型のキーに使える，要素を変更させたくない，といったところである。

コード A.17　タプル
```
1    a=('A','B','C')
2    print(a[1]) # B
```

コード A.18　タプルの要素は変更不可
```
1    # リストの要素は書き換え可能
2    a=['A','B','C']
3    a[0]='a' # 0番目の要素を変更
4    print(a) # ['a', 'B', 'C']
5    # タプルの要素は書き換え不可（エラー）
6    b=('A','B','C')
7    b[0]='a' # TypeError: 'tuple' object does not support item assignment
```

■ 辞　　書　　型

　リストでは要素に名前が付いておらず，要素を指定する場合は要素番号を指定する方法しかない。それに対して，辞書型は要素に名前を付けるタイプのものである。そのため，辞書型の要素を指定する場合は，その要素名を指定する。辞書型 (dictionary 型)・dict 型などと呼ばれる。

　辞書型は{}記号で囲む。要素は「名前」と「値」の対を：(コロン) 記号ではさむ。

要素の名前には文字列を指定する。要素の値はどの種類の型も指定することが可能。
要素はリストと同様にカンマで区切る。

　要素の指定には変数名に続けて [] 記号の間に要素名を文字列で指定する。[] 記号
を使うのは，リストやタプルと同じ。

コード A.19　辞書型

```
1   a={'名前':'朝倉太郎', '年齢':18, '出身地':'大阪'}
2   print(a) #{'名前':'朝倉太郎', '年齢':18, '出身地':'大阪'}
3
4   #要素の取得には要素名を指定
5   print(a['出身地']) # 大阪
6   #要素の値の変更
7   a['出身地']="東京"
8   print(a['出身地']) # 東京
9   #存在しない要素名を指定した場合はエラー
10  print(a['性別']) # KeyError: '性別'
```

■ 型変換と独自の型

　ある型の変数を別の型に変換することを型変換という。例えば数値型を文字列型に
型変換するには str() 関数を使う。各型において変換の関数が用意されている。

コード A.20　str() 関数を使った型変換の例

```
1   # 文字と文字以外の値を文字として結合したい場合,
2   # 文字以外の値をstr()関数で文字型に変換する
3   print("(20+30)× 10は"+str((20+30)*10)+"です") # (20+30)× 10は 500です
4   # ちなみに,文字と文字以外を結合しようとするとエラーになる
5   print('a'+1) # TypeError: can only concatenate str (not "int") to str
```

　また，拡張ライブラリで独自の型が提供されているケースがある。例えば，pandas
ライブラリの DataFrame クラスは表形式データを表す独自の型である。そういった
独自の型においても型変換の関数が用意されていることが多い。記述方法・使い方に
ついては各ライブラリのマニュアル等を参照する必要がある。

A.9　再代入と複合代入演算子

　対象変数に対して演算を行った結果を同じ変数に代入しなおすことを再代入という。
代入先の左辺の変数が右辺にも現れることになる。演算と再代入がセットになった複
合代入演算子も利用できる。

コード A.21　再代入と複合代入演算子の例

```
1   a=10
2   b=2
3   a=a+5 #print(a): 15
```

```
4
5    #複合演算子は=の前に数値演算子を書く
6    a+=5 # +=演算子 a=a+5と同じ
7    b**=8 # **=演算子 b=b**8と同じ
```

A.10 ブロックと字下げ

Python では左端からの字下げが文法上で重要な意味を持つ。字下げは空白文字 (半角スペース) か tab 文字で行う。全角スペースを用いるとエラーになる。字下げの深さが同じ一連のコード行を「ブロック」といい，命令処理のかたまりとして扱われる。以降で説明する制御文では，実行部分でこのブロックが用いられる。

Python 以外の言語であれば，例えば C 言語ではブロックは{}で囲む。字下げは Python 特有のブロック表現方法である。

制御文など以外で勝手に字下げを行うことはできない。

コード A.22　勝手な字下げはエラー
```
1    print("top")
2        # 勝手に字下げを深くするとエラー
3        print("second") # IndentationError: unexpected indent
```

A.11 分 岐 処 理

指定した条件でブロックのコードを実行するかどうかを制御するのが分岐処理である。if 文を使う。

■if 文の書き方

コード A.23　if 文の書き方
```
1    if 条件式 :
2        if 文のあとに字下げしてブロックを形成する。
3        条件式がTrue であれば，このブロックが実行される。
4    elif 条件式 :
5        if 文の条件式が False であれば，この elif の条件式が判定される。
6        elif の条件式が True の場合にこのブロックが実行される。
7        elif 文とそのブロックの記述は任意である。
8        elif 文とそのブロックは何個でも指定できる。
9    else :
10       上述のif，elif のすべての条件式が False の場合にこのブロックが
11       実行される。else 文とそのブロックの記述も任意である。
```

コード A.24　if 文のコード例

```
1   num = 6
2   if num > 5:
3       print("num は"+str(num)+"なので，5より大きい")
4   elif num > 2:
5       print("num は"+str(num)+"なので5以下で2より大きい")
6   else:
7       print("num は"+str(num)+"なので2以下")
8
9   #出力結果
10  #1行目でnum に6以上の数値を代入した場合
11  #   num は6なので，5より大きい
12  #1行目でnum に3〜5の数値を代入した場合
13  #   num は3なので5以下で2より大きい
14  #1行目でnum に2以下の数値を代入した場合
15  #   num は2なので2以下
```

A.12　ル ー プ 処 理

　指定した条件でブロックのコードを繰り返し実行するのがループ処理である。for 文もしくは while 文を用いる。

■ for 文の書き方

コード A.25　for 文の書き方

```
1   for 変数名 in 繰り返す対象のオブジェクト変数 :
2       for 文のあとに字下げしてブロックを形成する。
3       in 句に指定した「繰り返す対象のオブジェクト変数」の要素の個数分，
4       このブロックが繰り返し実行される。繰り返しの順番ごとに，要素の値が
5       for 句のあとに指定した変数にセットされ，ブロック内で使用できる。
```

■ for 文で指定回数繰り返す

コード A.26　for 文で指定回数繰り返す例

```
1   for num in range(3) :
2       # このブロックが3回繰り返される
3       # range()関数を使うと指定した要素数の値の順序セットを取得できる。
4       # range(3)で0,1,2の値セットが生成される。
5       print(num)
6
7   #出力結果
8   # 0
9   # 1
10  # 2
```

■ for 文でリストの要素分繰り返す

コード A.27　for 文でリストの要素分繰り返す例

```
1   lst = ['A','B','C'] # 繰り返したいリスト変数
2   for elem in lst :
3       print(elem)
4
5   #出力結果
6   # A
7   # B
8   # C
```

■ for 文のブロック内で何回目の繰り返しか取得する方法

コード A.28　for 文で何回目の繰り返しか取得する方法

```
1    lst = ['A','B','C']
2    for num,elem in enumerate(lst):
3        # enumerate()関数の引数に繰り返し対象の変数を指定すると
4        # 要素番号 (0からスタート)と要素値とのセットが取得できる
5        print(num, elem)
6
7    #出力結果
8    # 0 A
9    # 1 B
10   # 2 C
```

■ 複数のリストを for 文で繰り返す

コード A.29　複数のリストを for 文で繰り返す

```
1    lst1 = ['A','B','C']
2    lst2 = [1, 2, 3]
3    lst3 = [True,False,None]
4    for e1,e2,e3 in zip(lst1,lst2,lst3):
5        # zip()関数の引数に同時に繰り返したいリストを指定すると
6        # 同一の要素番号のセット (要素は引数に指定した順番)が取得できる
7        print(e1,e2,e3)
8
9    #出力結果
10   # A 1 True
11   # B 2 False
12   # C 3 None
```

■ for 文で辞書型の要素分繰り返す

コード A.30　for 文で辞書型の要素分繰り返す例

```
1    a={'名前':'朝倉太郎', '年齢':18, '出身地':'大阪'}
2    for name,value in a.items() :
3        # in 句に指定する辞書型変数に.items()メソッドを付加すると
```

```
4        # 項目キー名と項目値のセットが取得できる
5        print(name, value) # 項目名, 値
6
7    #出力結果
8    # 名前 朝倉太郎
9    # 年齢 18
10   # 出身地 大阪
```

■ while 文の書き方

コード A.31   while 文の書き方

```
1    while 繰り返しを判定する条件式 :
2        while 文のあとに字下げしてブロックを形成する。
3        このブロックの処理が完了したら条件式の判定から繰り返される。
4        条件式がTrue である間, このブロックが繰り返し実行される。
5        最初から条件式がFalse の場合は一度もブロックは実行されない。
```

■ while 文での繰り返し

コード A.32   while 文での繰り返し例

```
1    num = 2
2    while num < 100: # この条件がFalse になれば繰り返し終了
3        print(num)
4        num = num**2 # num を累乗
5
6    #出力結果
7    # 2
8    # 4
9    # 16
```

■ 無 限 ル ー プ

　コード A.32 の 4 行目のコードがなかった場合, 条件式に指定されている変数 num
はずっと 2 のままであり, while 文の条件式判定もずっと True のままである。よっ
て while 文のループから抜け出すことがない。この状態のことを無限ループと呼ぶ。
　意図していない無限ループはプログラミングにおいて致命的な欠陥 (バグ) であり,
発生させないように条件式の指定には十分に注意する必要がある。もし意図せずに無
限ループを実行させてしまった場合は, 実行させている Python のプロセスを強制終了
させる。ターミナルで実行させている場合は「Ctrl キー+C」で停止できる。Jupyter
の場合は Kernel 停止ボタンを押すか, Kernel を Restart させればよい。

■ ループ処理中の特殊命令

　for 文や while 文のブロック内で break 文を使用すると, 繰り返しを強制終了し
てループ処理の次の処理に移る。一方で, 同じくブロック内で continue 文を使用す

ると，繰り返し中の以降のブロックのコード実行を中止して，ループ処理が継続した状態で次の繰り返し処理へ移る。

A.13　分岐処理やループ処理の入れ子構造

分岐処理やループ処理の実行ブロックにおいて，さらに分岐処理やループ処理を定義することが可能である。このように制御構造が内包されている状態を入れ子構造もしくはネスト構造という。

コード A.33　分岐処理やループ処理の入れ子構造例

```
1   X=[0,1]
2   Y=[10,20]
3   for x in X:
4       for y in Y:
5           if x==1 and y == 10 :
6               print('Y', x, y)
7           else:
8               print('N', x, y)
9
10  #出力結果
11  # N 0 10
12  # N 0 20
13  # Y 1 10
14  # N 1 20
```

A.14　リストの内包表記

for 文をリスト型を意味する [] 内に定義して，for 文のブロック結果 (式) を要素とするリストを生成することができる。この記述方法を内包表記という。

コード A.34　リストの内包表記の書き方

```
1   # [ 式 for 変数名 in ループ対象 ] と書く。for 文のあとの:(コロン)記号は
2   # 記述せず，ブロック結果 (式)をfor 句の前に記述する。
3   dbl = [num*2 for num in [1,2,3,4,5]]
4   print(dbl) # [2, 4, 6, 8, 10]
5
6   #上記の内包表記は以下と同じリスト操作が行われている。
7   dbl = []
8   for num in [1,2,3,4,5]:
9       dbl.append(num*2) #リスト変数dbl へ追加
```

A.15 関　　　数

意味のあるまとまった命令のかたまりを事前に定義しておいて，呼び出せるように
しておいたものを関数という。同じ命令群をコードの色々な箇所で何回も利用したい
ような場面で使用する。また，コードの可読性 (読みやすさ) のために関数を利用する
場合もある。

関数の定義には def 文を用いる。通常，コードは上から順番に実行されていくが，
def 文とそのブロックだけはすぐには実行されない。後で実行するために関数のコー
ド内容が記憶されるイメージである。

def 文で定義した関数を呼び出して，そのブロックを実行させる場合は，関数名を
指定する。

■ 関数の定義と呼び出し方

コード A.35　関数の定義と呼び出し方

```
1   def 関数名 ( 引数定義 ) :
2       def 文のあとに字下げしてブロックを形成する。
3       関数が呼び出されると，このブロックが実行される。
4       引数定義には関数の呼び出し時にこのブロックに渡したい値の
5       代入先となる変数名 (これを引数という)を定義する。
6       引数として定義した変数はブロック内で使用できる。
7       引数を複数指定する場合はカンマで区切る。
8       引数が不要の場合は何も書かなくてよい。
9
10  # 関数を呼び出す
11  関数名 ( 引数に代入する値 )
```

コード A.36　関数の定義と呼び出し例

```
1   import datetime
2   import time # sleep 関数を使うため time モジュールを import
3
4   #関数定義
5   def tellTheTime(idx):
6       dt=datetime.datetime.now()
7       print(idx,'ただいま',dt.hour,'時',dt.minute,'分',dt.second,'秒')
8
9   #関数呼び出し
10  for i in range(3):
11      tellTheTime(i) #ここでtellTheTime()関数を呼び出し
12      time.sleep(1) #sleep 関数。引数に指定した秒数間，処理を一時停止
13
14  #出力結果
```

```
15    # 0 ただいま 19 時 8 分 8 秒
16    # 1 ただいま 19 時 8 分 9 秒
17    # 2 ただいま 19 時 8 分 10 秒
```

■ 関数ブロック内での return 文

関数のブロック内で return 文を使用すると，以降のブロック処理を実行せずに関数の処理を終了させることができる。

また，return に続けて空白をはさんで値もしくは変数を指定すると，関数の戻り値として利用できる。関数の戻り値は関数呼び出し箇所にて変数に代入して受け取る。

コード A.37　関数の戻り値を定義する例

```
1    import datetime
2    import time
3
4    def tellTheTime():
5        dt=datetime.datetime.now()
6        return dt # 戻り値にdt を指定
7
8    for i in range(2):
9        retDt = tellTheTime() #関数を呼び出して戻り値をretDt 変数に代入
10       print(retDt.second,'秒')
11       time.sleep(1)
12
13   #出力結果
14   # 22 秒
15   # 23 秒
```

A. 16　ク　ラ　ス

Python においてもオブジェクト指向プログラミングが可能であり，クラスを定義・使用することができる。オブジェクト指向におけるクラスとは，変数とその変数に対する処理群 (メソッドという) をひとつの構造にまとめたものである。変数名に続けて. (ドット) と関数名を指定したようなコード箇所では実際にクラスのメソッドを呼び出している。

データ前処理では必ずしも自らクラスを定義しなくても対応可能であることが多いことから，本書ではオブジェクト指向やクラスについての詳細な説明を割愛する。

A. 17　変数・関数・クラスの import と別名

ライブラリの読み込みでは，通常のインポート方法 (A. 7 節参照) の他に，ライブラリ内に存在する変数・関数・クラスなどを指定してインポートすることができる。

「from ライブラリ固有名 import 変数名・関数名・クラス名」と指定する。

　また，as 句を使ってインポートしたライブラリなどに別名を付与してプログラム内で使用することができる。

コード A.38　様々なインポート方法

```
1   # numpy ライブラリの random クラスをインポート
2   from numpy import random
3   # random クラスの rand()関数を呼び出し
4   print(random.rand()) #0.0以上，1.0未満の乱数が生成される
5
6   # インポートしたライブラリに別名を付ける（処理は上記と同じ）
7   from numpy import random as nr
8   print(nr.rand())
```

A.18　ファイル入出力

　様々な種類のファイルが存在するが，ファイルの読み込み・書き込み方法の基本的な考え方は同じである。

　まずはファイルをオープンする。これによりディスクに存在しているファイルの情報をメモリ上に展開され，対象のファイルが操作できる状態になる。書き込みモードでファイルをオープンした場合，そのファイルはロックされ，ロック中は他のプログラムから書き込みモードでオープンされることはない。

　ファイルの読み込みや書き込みなどの処理を行った後，最終的に対象ファイルをクローズする必要がある。クローズすることにより，ロックは解放され，メモリ上に展開されていたファイルの情報もクリアされる。ファイルのクローズを行わないままだと，意図しないメモリの専有やファイルのロックを引き起こす。よって，クローズ忘れには十分気を付ける必要がある。

■ テキストファイルの操作

コード A.39　テキストファイル操作の書き方

```
1    #open 関数でファイルをオープン
2    # ファイルを操作できるオブジェクトが戻り値として返される
3    # mode 引数は，w が上書きモード，a が追記モード，r が読み込みモード
4    f = open('ファイル名', mode="w")
5    #ファイルへの書き込み
6    f.write('書き込む文字列')
7    #ファイルの読み込み（ファイル内容全部）
8    f.read()
9    #ファイルの読み込み（行ごと）
10   for line in f:
```

```
11        # for 文の in 句にファイルオブジェクトを指定すると行ごとにループ
12        # for 文の変数に1行分の文字列が格納される
13        print(line)
14  #ファイルオブジェクトをクローズ
15  f.close()
```

コード A.40　テキストファイルの操作例 (書き込み)
```
1  f=open('sample.txt', mode="w") #上書きモードでオープン
2  f.write('今日は金曜日です。') #ファイルに書き込み
3  f.write('\n') #改行を書き込み ('\n'は改行コード)
4  f.write('明日は土曜日です。') #ファイルに書き込み
5  f.close() # ファイルをクローズ
6
7  #出力ファイル (sample.txt)の内容
8  #   今日は金曜日です。
9  #   明日は土曜日です。
```

コード A.41　テキストファイルの操作例 (読み込み)
```
1  f=open('sample.txt', mode="r") #読み込みモードでオープン
2  print(f.read()) #ファイル内容を表示
3  f.close() # ファイルをクローズ
```

■ with ブロック

with 文を使ってファイルをオープンすると，with 文のブロック処理を抜けた時点で自動的にファイルがクローズされる。クローズ忘れを気にしなくてよくなるため，通常は with ブロックを使ってファイル操作を行うことが多い。

コード A.42　with ブロックの書き方
```
1  with open('ファイル名', mode="モード") as ファイル変数:
2      このブロックでファイル操作を行う
3      このブロックが終了すると自動的にファイルがクローズされる
```

コード A.43　with ブロックでのファイル操作例
```
1  with open('sample.txt', mode="a") as f: #上書きモード
2    f.write('\n')
3    f.write('明後日は日曜日です。')
4
5  with open('sample.txt', mode="r") as fl: #読み込みモード
6    for line in fl:
7      print(line.replace('\n','')) #改行コードを削除して出力
8
9  #出力結果
10 #   今日は金曜日です。
11 #   明日は土曜日です。
12 #   明後日は日曜日です。
```

A.19 正 規 表 現

　正規表現とは決まったルールで文字列を表現する表記法である。正規表現を使用することで多様な文字列の検索や置き換えなどをわずかなコードで実現することが可能となる。プログラミングにおいて重要な技術の1つであり，Python でも使用することができるようになっている。

　具体的には，メタ文字と特殊シーケンスという定義を用いて文字列を表現する。

■ メ タ 文 字

　メタ文字とは，正規表現において特定の意味を持った文字もしくは記号のことである。メタ文字を指定して様々な文字列のパターンを表現する。

　代表的なメタ文字を表 A.1 に示す。「神」「神奈川県」「神戸市」「姥神町」「神神市」(架空の都市) の文字列に対して，指定したメタ文字にマッチするかどうか例示している。

表 A.1　正規表現における主なメタ文字

メタ文字	説明	指定例	指定例にマッチする文字列
.	任意の一文字	神.市	神戸市 神神市
*	0 回以上の繰り返し	.* 神.*	すべて対象
+	1 回以上の繰り返し	.+ 神.+	姥神町 神神市
?	0 回もしくは 1 回	.? 神 ?	すべて対象
^	文字列の先頭	^神	神 神奈川県 神戸市 神神市
$	文字列の末尾	神$	神
{n}	n 回繰り返し	神 {2}	神神市
[XYZ]	X か Y か Z が含まれる	神 [奈戸神].+	神奈川県 神戸市 神神市
|	または	.+県 |.+町	神奈川県 姥神町

　pandas の DataFrame 型のデータにおいて，正規表現を用いた文字列の一致判定は str.match() メソッドを用いる。該当レコードは True を返すため，対象のレコードを抽出する場合は [] 指定と組み合わせると良い。

　例として，コード A.44 を示す。正規表現を指定する文字列'神 [奈戸神].+'の前にr 文字が記述されているが，これは raw 文字列を指定するものである。raw 文字列では\ (バックスラッシュ) などの特殊文字をそのまま指定して使うことができる。後に紹介する特殊シーケンスではバックスラッシュを用いることから，正規表現を指定する文字列は常に raw 文字列で定義することを勧める。

　　コード A.44　メタ表現によるレコード抽出

```
1    import pandas as pd
```

```
2   s_org1 = pd.Series(['神','神奈川県','神戸市','姥神町','神神市'], index
        =['A','B','C','D','E'])
3   df_seiki_1 = s_org1[s_org1.str.match(r'神[奈戸神].+')]
4   print(df_seiki_1)
5   # B 神奈川県
6   # C 神戸市
7   # E 神神市
8   # dtype: object
```

メタ文字では下記のように文字集合自体を表現することもできる。\u3041 という表記は Unicode の 1 文字分の文字コードを直接表したものである。Unicode では文字コード表の U+3041〜U+309F の範囲で「ひらがな」が，U+30A1〜U+30FF の範囲で「カタカナ」が定義されている。

- [0-9] ： 半角数字
- [a-zA-Z] ： 半角アルファベット
- [a-zA-Z0-9] ： 半角文字
- [０-９] ： 全角数字
- [ａ-ｚＡ-Ｚ] ： 全角アルファベット
- [\u3041-\u309F] ： ひらがな
- [\u30A1-\u30FF] ： カタカナ

例えば，コード A.45 では DataFrame 型の文字列行の中から全角数字やひらがなを1 回以上繰り返している行を抽出している。

コード A.45 　文字列集合指定の抽出
```
1   import pandas as pd
2   s_org2 = pd.Series(['12345','１２３４５','ABCD','ＡＢＣＤ','あいうえ
        お'], index=['A', 'B', 'C', 'D', 'E'])
3
4   df_seiki_2 = s_org2[s_org2.str.match(r'[０-９]+')]
5   print(df_seiki_2)
6   # B １２３４５
7   # dtype: object
8
9   df_seiki_3 = s_org2[s_org2.str.match(r'[\u3041-\u309F]+')]
10  print(df_seiki_3)
11  # E あいうえお
12  # dtype: object
```

■ 特殊シーケンス

特殊シーケンスは，\ (バックスラッシュ) 記号と文字を組み合わせることでメタ文字よりも簡潔に文字列のパターンを表現するものである。(Windows 環境では「\」が

表 A.2　主な特殊シーケンス

特殊シーケンス	説明	メタ文字での表現
\d	すべての半角数字	[0-9]
\D	半角数字以外	[^0-9]
\w	すべての英数字	[a-zA-Z0-9]
\A	文字列の先頭	^
\Z	文字列の末尾	$

「¥」として表示される場合がある。) 主な特殊シーケンスを表 A.2 に示す。

　例として，開始文字\A と終了文字\Z を用いた抽出方法をコード A.46 に示す。正規表現では大文字小文字も別の文字として区別されることを留意されたい。

コード A.46　開始文字，終了文字指定の抽出

```
1   import pandas as pd
2   s_org3 = pd.Series(['abcdef','defabc','ABCDE','acsdefde'], index=['A
       ', 'B', 'C', 'D'])
3   df_seiki_4 = s_org3[s_org3.str.match(r'\Aabc')]
4   print(df_seiki_4)
5   # A abcdef
6   # dtype: object
7
8   df_seiki_5 = s_org3[s_org3.str.match(r'.*DE\Z')]
9   print(df_seiki_5)
10  # C ABCDE
11  # dtype: object
```

A.20　デバッグの方法

　作成中のプログラムが意図したとおりに動作しているか，プログラムの処理途中でチェックすることをデバッグという。デバッグには pdb ライブラリを使用したり，プログラミング・エディタのツールを利用したりすることもあるが，ここでは初歩的な4つのデバッグ方法を示す。初歩的ではあるが，プログラミングにおいて非常に汎用性の高い方法と言える。

コード A.47　デバッグ方法の例

```
1   import sys
2   import urllib
3   from bs4 import BeautifulSoup
4
5   _url='https://www.kantei.go.jp/jp/rekidainaikaku/index.html'
6   _fileName='a_sample.html'
7
8   def getHtmlFile():
9       urllib.request.urlretrieve(_url,_fileName)
```

```
10
11   def readPrimeMinister():
12       with open(_fileName, mode='r', encoding='utf-8') as f:
13           soup = BeautifulSoup(f.read(), 'html.parser')
14           #title タグの文字列を取得
15           _title = soup.find('title').get_text()
16           # デバッグ方法 (1) print()関数で変数の中身を確認する。
17           print(_title)
18           # デバッグ方法 (2) return 文を使って関数途中で抜ける。
19           #   この時点まで関数が意図した通りに動作しているか確認するために
20           #   return 文で関数を終了させ，関数内の以降の処理を動かさない。
21           #   確認 OK であれば，このデバッグ文はコメントアウトか削除する。
22           return
23
24           #h3 タグ内の文字列を取得
25           for num,_h3 in enumerate(soup.find_all('h3')):
26               # デバッグ方法 (3) break 文を使ってループ途中で抜ける。
27               #   ループ回数が多い処理には break 処理を入れて
28               #   ループを途中で抜けてそこまでの処理内容を確認する。
29               #   確認 OK であれば，if～break までの一連のデバッグ文は
30               #   コメントアウトか削除する。
31               if num > 4:
32                   break
33               pmName = _h3.get_text()
34               print(pmName)
35               # ～以降, 省略
36
37   getHtmlFile()
38   # デバッグ方法 (4) sys.exit()関数を使ってプログラム途中で強制終了する。
39   #   この時点で処理を止めて以降の処理を動かしたくない場合などで使用する。
40   #   確認結果が OK であれば，このデバッグ文はコメントアウトか削除する。
41   sys.exit()
42   readPrimeMinister()
```

Chapter B

Jupyterを使ったプログラミング環境

B.1 Jupyter と は

Python の実行環境としてよく使われるのが Jupyter サーバーである。エディタとしての機能，ディレクトリ・ファイル管理の機能，ターミナル機能などが標準で備わっている。また，実行結果をそのまま保存しておくこともできるため，教育シーンやシステム運用シーンでは重宝されている。本書のコード類についても Jupyter サーバーで動作する形式で公開している。

Jupyter サーバーは機能改善・追加が活発に進められている。本章では執筆時点の最新バージョンである JupyterLab サーバーを前提に Jupyter の最低限の利用方法について紹介する。

B.2 インストールと実行

本書で指定した Docker イメージのコンテナを起動している場合はすでに Jupyter-Lab サーバーのインストールおよび実行が済んでいる。自身で環境を構築する場合は，ターミナルから以下のコマンドを実行してインストールを行い，

```
1    pip install jupyterlab
```

同じくターミナルから以下のコマンドを実行してサーバーを起動させる。

```
1    jupyter lab
```

B.3 画面へのアクセスと画面構成

Jupyter サーバーはブラウザによる操作を前提としている。サーバーが起動している状態で，ブラウザから `http://localhost:8888/lab` にアクセスすると図 B.1 のような画面が表示される。

画面上部 (図 B.1「① メニュー」参照) にメニューが用意されており，ファイルの

図 B.1　JupyterLab の画面

保存や環境の設定変更などを選択して実行することができる。

　画面左部 (図 B.1「② ファイル・フォルダ管理」参照) は Windows のエクスプローラや Mac の Finder のようにファイル・フォルダ管理ができるエリアとなっている。フォルダを作成したり，ファイル名の変更や移動，ファイル表示などが行える。

　画面中央・右部 (図 B.1「③ ファイル内容表示エリア」参照) にはオープンしたファイルやランチャーなどが表示される。複数ファイルを開いた場合はタブ形式で表示を切り替えられるようになっている。

　なお，Jupyter では文字コードが UTF-8 のファイルしか表示できないようになっている。そのため，本書では生データ以外の入力ファイルや出力ファイルの文字コードを UTF-8 で統一するようにしている。

B.4　notebook の作成

　ランチャーの notebook 欄にある Python3 ボタンを押すか，もしくはメニューの File > New > notebook を選択すると notebook ファイルを作成することができる。Jupyter では，この notebook ファイルに対して Python のプログラミングを行っていく。notebook ファイルの拡張子は.ipynb と決まっている。

　notebook ファイルを表示した例が図 B.2 である。表示上部 (図 B.2「① notebook 操作アイコン」参照) に notebook ファイルに関するファイル保存，セルの追加・切り取り・貼り付け・複製，セルのプログラム実行，カーネルの停止・再起動などの操作アイコンが並んでいる。

　操作アイコンに続いてセルと呼ばれる入力欄 (図 B.2「② notebook セル」参照) が

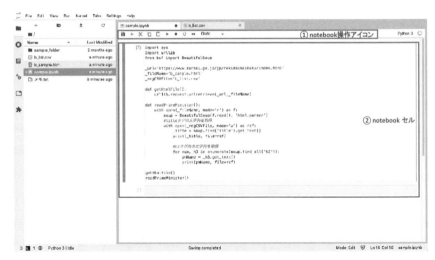

図 B.2　notebook ファイル

並ぶ。このセルに Python のコードを記述し，実行する。セルは複数作成することが
できる。

B.5　セ ル の 実 行

　Jupyter では notebook のセルごとにプログラムコードが実行される。セル内部に
Python のコードを記述し，そのセルにフォーカスが当たっている状態 (対象セルの左
端に青い縦棒が表示されている状態) で，shift キーを押しながら同時に return キー
を押すか，もしくは上部操作アイコンの右三角ボタンを押すと，そのセルのプログラ
ムを実行させることができる。

　セルのプログラムを実行すると，標準出力の内容もしくは最終行に指定した変数の
内容がセルの直下に表示される。また，セル内の処理途中の変数の内容を表示させた
い場合は display() 関数を用いればよい。

　セルに記述したコードは何回でも変更して実行しなおすことができる。よって，デ
バッグしながらコードを追記していって目的のプログラムコードを徐々に完成させて
いくことができる。

　複数のセルを一気に実行したい場合は，Jupyter メニューの Run メニューの中か
ら操作を選択すればよい。また，一度実行して表示されている結果をクリアしたい場
合は，Jupyter メニューの Kernel メニューの中から「Restart Kernel and Clear
All Outputs...」の操作を実行すればよい。

　また，上部操作アイコンの右端にあるモード選択から，セルの種類を Markdown
形式やプログラムコードをそのまま表示するだけの形式に変更することができる。こ

れらの種類のセルを利用することで，プログラムの説明などをわかりやすく記述したりすることができる。

B.6　カーネルの停止・再起動と変数のスコープ

　notebook ファイルはファイルごとにカーネルと呼ばれるプロセスが割り当てられて実行される。よって，対象の notebook ファイルの調子がおかしかったり，無限ループなどを発生させてしまった場合は，他の notebook ファイルへの影響を気にせずにカーネルを停止または再起動させればよい。カーネルの停止や再起動は，対象の notebook ファイルを表示している状態で Jupyter メニューの Kernel メニューの中から操作を選択すればよい。

　また，同一 notebook ファイル内のセルは同一のスコープ内で実行されるため，別のセルで宣言済みの変数を利用することができる。

索　　引

欧　字

編集者略歴

羽 室 行 信
<small>は　むろ　ゆき　のぶ</small>

1964 年　兵庫県に生まれる
1994 年　神戸商科大学大学院経営学研究科博士後期課程単位取得満期退学
現　在　関西学院大学経営戦略研究科准教授
　　　　修士（経営学）

Python によるビジネスデータサイエンス 2
データの前処理 　　　　　　　　　定価はカバーに表示

2021 年 6 月 1 日　初版第 1 刷

編集者　羽　　室　　行　　信
発行者　朝　　倉　　誠　　造
発行所　株式会社 朝　倉　書　店

東京都新宿区新小川町 6-29
郵 便 番 号　162-8707
電　話　03（3260）0141
F A X　03（3260）0180
http://www.asakura.co.jp

〈検印省略〉

ⓒ 2021　〈無断複写・転載を禁ず〉　　　　中央印刷・渡辺製本

ISBN 978-4-254-12912-0　C 3341　　　Printed in Japan

シリーズ

Python による
ビジネス
データサイエンス

監修者　　加藤直樹（兵庫県立大学）

1. データサイエンス入門

12911-3　A5 判 136 頁
本体 2500 円

笹嶋宗彦（兵庫県立大学）［編］

2. データの前処理

12912-0　A5 判 192 頁

羽室行信（関西学院大学）［編］

〈続刊予定〉

マーケティングデータ分析　　中原孝信［編］

ファイナンスデータ分析　　岡田克彦［編］

Web テキストデータ分析　　笹嶋宗彦［編］

上記価格（税別）は 2021 年 5 月現在